孩子读得懂的大数据

① 数据的秘密

于欣媛 著 野作插画 绘

北京理工大学出版社
BEIJING INSTITUTE OF TECHNOLOGY PRESS

图书在版编目（CIP）数据

孩子读得懂的大数据 : 全3册 / 于欣媛著 ; 野作插画绘. -- 北京 : 北京理工大学出版社, 2023.8
ISBN 978-7-5763-2460-0

Ⅰ. ①孩… Ⅱ. ①于… ②野… Ⅲ. ①数据处理—儿童读物 Ⅳ. ①TP274-49

中国国家版本馆CIP数据核字(2023)第105927号

出版发行 / 北京理工大学出版社有限责任公司
社　　址 / 北京市海淀区中关村南大街 5 号
邮　　编 / 100081
电　　话 / （010）68914775（总编室）
（010）82562903（教材售后服务热线）
（010）68944723（其他图书服务热线）
网　　址 / http: //www.bitpress.com.cn
经　　销 / 全国各地新华书店
印　　刷 / 三河市金元印装有限公司
开　　本 / 787 毫米 × 1092 毫米　1/16
印　　张 / 11.5
字　　数 / 123千字
版　　次 / 2023 年 8 月第 1 版　2023 年 8 月第 1 次印刷
定　　价 / 69.00元（全3册）

责任编辑 / 陈莉华
文案编辑 / 陈莉华
责任校对 / 刘亚男
责任印制 / 施胜娟

图书出现印装质量问题，请拨打售后服务热线，本社负责调换

目录

1 无处不在的数据 01

2 数据变“宝藏” 03

3 处理数据的“魔法机器” 15

4 太多了！数据太多了！ 21

5 向大数据“进化” 26

6 奇妙的大数据：规模性和多样性 27

7 有了帮手的大数据：高速性 30

8 有用的大数据：价值性 42

9 被认可的大数据 52

关键词大揭秘 58

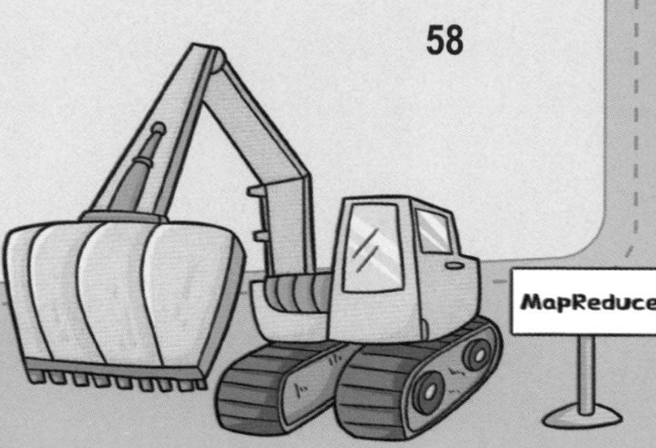

1+1=2
2+2=4
3+3=6

1 无处不在的数据

在这个世界上，什么东西增长最快？

是人口？是金钱？还是动物、植物，或是细菌、病毒？

不！都不是。和真正的答案——数据比起来，它们增长的速度简直微不足道。

数据存在于世界的每一个角落，每时每刻都在增加，尤其随着网络和信息技术的普及，它开始呈指数式增长，这一现象被人们形象地比喻为“大爆炸”。

什么是数据呢？

数据≠数字。

我们所接触、了解的一切事实或观察的结果，都可以形成数据，

譬如，一道题的答案、一周的天气记录、一张刚刚拍下的照片，或是手机里的一段录音。

数据既可以呈数字形态，也可以呈文字、图片、声音、视频等其他形态。

Z 数据变“宝藏”

既然数据无处不在，
每一刻都在增加，
那对于我们人类来说，
它有什么意义呢？

在平常人看来，
数据只是对一些事物模样、
事情过程的记录，
可能毫无价值，
但一些“不平常”的人，
却能挖掘出其中珍贵的信息，
将看似杂乱的数据变成取之不尽、
用之不竭的“宝藏”。

马修·方丹·莫里

谁是挖掘数据宝藏的先驱者呢？
这就不得不提那位
“倒霉”的美国海军军官了。

1839年，马修·方丹·莫里舒服地坐在马车里，正准备去上班。
忽然，马车失控，滑出车道，将他重重地甩了出去。
可怜的军官因此腿上落下残疾，被调离岗位，不得不回家休养。

莫里在家中等了一年又一年，
他以为自己再也回不去军队，这辈子都要告别海上生活了。
没想到，三年后，上司忽然联系他，
并交给他一项重任——去做海洋图表厂的负责人。

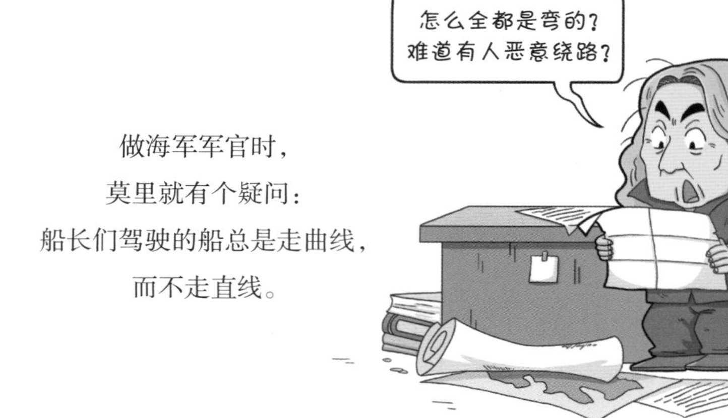

做海军军官时，
莫里就有个疑问：
船长们驾驶的船总是走曲线，
而不走直线。

为什么会这样呢？走直线不是更省时间吗？
如今，在海洋图表厂，他终于可以寻找答案了。

翻阅大量地图后，莫里的疑惑解除了。

原来船之所以不走直线，是因为船长们走的都是自己熟悉的线路。

譬如，
一个船长从 A 去过 B，
又从 B 去过 C，
当他要从 A 前往 C 的时候，
通常还是会先将船开到B，
然后去 C。
在他看来，
选择已知的路线确保安全，
比走直线节省时间更重要。

莫里明白了，
船长们不敢走直线，
归根结底是因为信息不足——
也就是掌握的航海数据不够。

于是，
他决心要改变这一状况，
让所有船长都能找到最省时的航线。

在海洋图表厂里，
有许多航海书籍、地图和图表，
以及船员们留下的、塞满木箱的航海日记，
这些资料记录了大量航线上
不同日期、不同地点的风、水和天气的情况。
莫里的眼睛亮了——
这些不就是他需要的原始数据吗！

有了原始数据后，

莫里又展开了数据处理工作——

他要找到这些数据之间的联系，

并通过计算挖掘其中包含的信息。

莫里发动了图表厂里的 20 个员工，

把航海记录里的原始数据统统画成表格：

在某片海域里，

1 月的气候、风向、洋流是什么样的?

2 月的气候、风向、洋流又是什么样的?

然后，将这些表格中的数据进行对比分析。

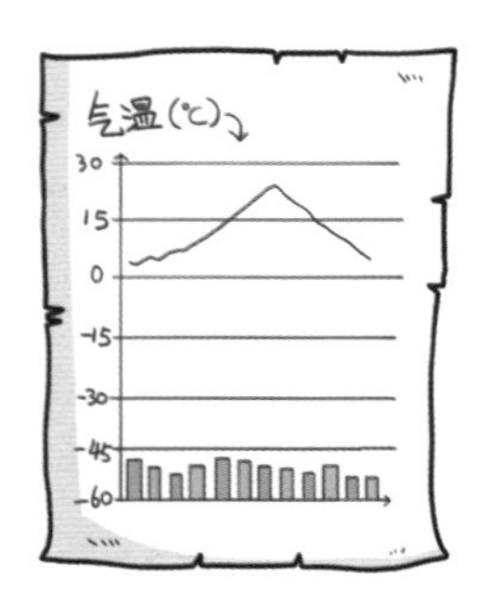

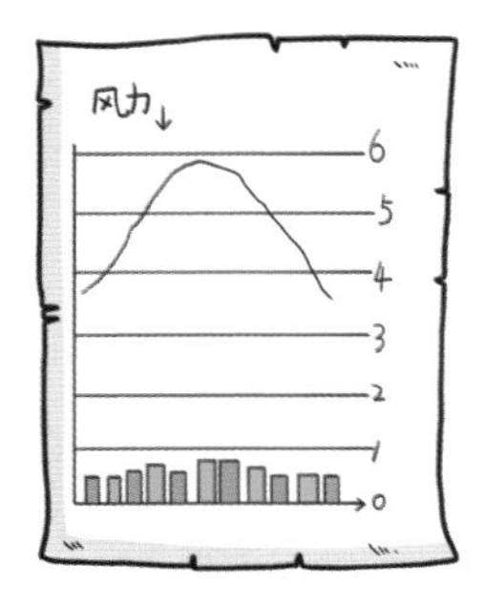

通过这样的“数据处理”，

他们最终得到了一份大西洋航海攻略!

在这份攻略里，

大西洋被按经纬度划分成了五块，

还按月份标出了各个海洋区域的温度、风速和风向。

有了这份攻略，

船长们就知道：哦！原来从 A 直接到 C，也是很安全的嘛!

于是，就再也不用绕路远航了。

但是，只依靠以前船员们留下的信息，
制作出的攻略还是不够详细，
莫里还需要更多、更新的数据。

于是，他变身数据狂魔！
将收集航海数据的表格发放给每一位船长，
要求他们在航行中利用船上的气压计、指南针、六分仪和天文钟等仪器，
随时记录风向、洋流等数据，
并在返航后，把表格提交给他。

莫里收集到的数据越多，
他计算出来的海洋攻略就越详尽，
导航也就越准。
人们可以在他提供的海洋图上，
找到各个区域的详细数据——
风向、洋流，以及天气带给船只的影响。
1855 年，在莫里的著作《海洋物理地理学》中，
标出的数据点已经达到了 120 万个！

通过收集、测量、计算得到大量数据，
并对其加以处理，
莫里获得了富有价值的航海信息，
最终推动了整个航海行业的发展。
这个当年从马车上摔下来的倒霉蛋儿，
被称为“最早的大数据实践者”。

莫里的经历，
给了人们巨大的启示：
单独的文字、图像数据
无法呈现很多有用的信息，
但是，将这些数据收集起来，
再对它们进行计算、处理，
就可以从中提取有价值的信息，
并因此获益。

3

处理数据的“魔法机器”

全都算完了
才能下班哟！

莫里手下的那 20 位员工，
是帮助他处理数据的人。
如果只是处理一条航线上的海洋数据，
或许可以通过人工的方式手动进行。

如果有非常非常多的数据
需要处理呢？
比如说，
要算出几百条航线的气候变化、
洋流方向、风的速度，
这样大得吓人的工作量，
就不是只靠人的脑子就能完成的了。

1890 年，
美国人口普查办公室
就遇到了这样的难题。
他们要收集所有美国人的个人信息，
包括出生地、职业状况、婚姻状况等，
并要对这些信息进行汇总。
也就是说，
需要处理所有美国人的人口数据！

这是个规模巨大、枯燥无味，
又非常容易出错的工作，
让办公室的所有人都感到头痛不已——
1880 年，他们接到过同样的任务，
花费了整整八年时间才把数据统计完。
而现在数据更多了，
再做一次，简直是噩梦。

赫尔曼·霍勒里斯

就在大家一筹莫展，
绝望透顶时，
“救世主”来了。
这人叫赫尔曼·霍勒里斯，
是一位商人，
他既没有超能力，
也不会什么魔法，
但带来了一种新机器——
穿孔制表机。

有了这种机器，
人们无须再对大量数据进行
手动记录和计算——
只要将个人信息数据记录在打孔卡片上，
机器里的读卡器就能自动将数据汇总。

繁重、复杂的计算变成了简单的操作。
人口普查办公室因此节省了大量时间，
很快就完成了任务，赫尔曼的名声也大了。
他开始向其他行业售卖自己的机器，
比如需要记录和计算大量星体数据的天文机构，
需要统计用户金额、存款数据的银行等。

很多企业也纷纷购买这种机器，
用以记录、保存数据。
自此，人们知道了：
能处理数据的不只有人，
机器一样可以代劳，
甚至做得更好。

赫尔曼的穿孔制表机，
是世界上第一台
投入使用的数据处理机器，
它实现了数据处理的“半自动化”，
为生产、研究等活动
带来了极大的便利。

但用着用着，人们就开始思考：
能不能制造出完全不需要手工操作的“全自动化”机器呢？
那样就不用不停地在卡片上打孔了，
可以节省更多的时间和精力。

当然，我们知道，
人们成功了。
所谓处理数据的“全自动化机器”，
就是现在大家工作、
生活必不可少的计算机。

利用计算机以及各种软件，
我们可以保存、计算、处理以前难以想象的海量数据。
人类的双手被彻底解放了，
计算能力得到极大提升，
对信息的需要也获得了极大满足。

4

太多了！数据太多了！

人类有了计算机这个强大的帮手，
就足够处理世界上的所有数据了吗？
NO! 完全不够！
为什么呢？
因为数据实在太多了！

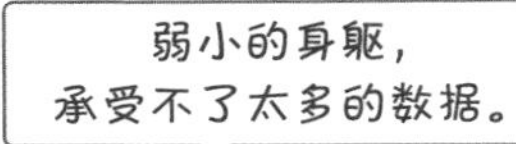

想想看，
每一秒，
世界上就有无数人写下文字；
每一分钟，
世界上就有无数张照片被拍摄；
每一天，
世界上都会多出无数条视频、音频。
这可都是数据！
再大的硬盘也装不下这么多内容。

于是，
人们希望能随时查看
任何数据的美好愿望，
和有限的存储空间之间
便形成了不可调和的矛盾。

怎么解决这个矛盾呢？
为此，人们打造了一个互联网虚拟世界，
通过它来收集、存储各种各样的数据。

有了互联网，
我们不仅能查看自己收集、
生产的数据，
还能看到他人分享的资源。
人们可以在“互联网”
这个虚拟的信息世界里
尽情地探索、交流、互动。

当然，在这些过程中，
我们也时时刻刻都在产生新的数据：
你在微信上跟别人说一句话，产生了一段数据；
你在微博或抖音里发一条短视频，产生了一段数据；
甚至你在百度里搜索一个问题，
搜索行为也会被互联网记录下来，产生出一段数据。

那么，

互联网上到底存储了多少数据？

享誉全球的国际商业机器公司——

IBM 在一项研究中称：

在整个人类文明所拥有的数据中，

90% 是在互联网诞生后才生产出来的。

这个说法并不夸张。

如果现在将一天中

互联网上产生的数据刻成光盘，

那么，

一天所需要刻制的光盘数量

可能有数十亿张，

而从互联网诞生到现在，

已经过去了几十年。

现在，
人们已经知道数据具备价值，
同时，
又有了处理数据的机器，
还有能够保存、产生数据的互联网。

这也意味着，
在不断完善的信息化世界中，
幼年期的“大数据”已经诞生了。

5 向大数据“进化”

顾名思义，
大数据自然数量庞大，
但只是数量庞大就能称为“大数据”吗？
并不是的。

数据要想“进化”成大数据，
必须满足特定的条件，
即大数据的“4V 特征”。
这是由维克托·迈尔·舍恩伯格和
肯尼思·库克耶两位大数据专家
在《大数据时代》中提出的理论。

6 奇妙的大数据：规模性和多样性

第一个 V，

大数据要具备规模性（Volume）。

规模，实际上指的就是数据的数量。

只有达到了一定数量的数据，才有被称为“大数据”的基本资格。

举一个简单的例子，

如果你和你的几个朋友喜欢在一起玩，

人的数量少、规模小，

那么你们会被称作“小团体”；

而如果是整个班级的同学在一起，

人的数量多、规模大，

你们就会被称作是“大团体”。

最初，人们用 MB（“Mega Byte”的简写）、
GB（“Giga Byte”的简写）等来衡量数据量，
但互联网带来的数据爆炸，使更大的计数单位不断被创造出来。
短短几十年，人们就先后创造了 TB（“Tera Byte”的简写）、
PB（“Peta Byte”的简写）、EB（“Exa Byte”的简写），
及 ZB（“Zetta Byte”的简写）、YB（“Yotta Byte”的简写）。

一般认为，
能被称为“大数据”的数据，
至少要达到 10TB 的规模。

第二个 V，大数据要具备多样性（Variety）。

互联网的发展让我们可以从各种各样的地方接触到数据。

我们会在微博上看到许多人的想法、不同人的生活，这些是多样化的数据；

我们能在百度上搜索到想要的知识、文字、图片、音频，这些是多样化的数据；

我们刷抖音、快手时，能看到世界各地发布的视频，这些也是多样化的数据。

这些数据是世界上
不同角落、不同人群、不同平台
生产出来的，
它们多姿多彩、五花八门。

7 有了帮手的大数据：高速性

前两个 V，
是比较容易达成的。
只要在互联网的支持下，
人们就可以保证
数据具有规模性和多样性。

但要让这些数据更好地为我们所用，
就面临一个问题：
这么多的数据，
我们要怎么快速地处理它们呢？
这就需要大数据的第三个特征——
实现数据处理的高速性（Velocity）。

在当下的信息时代，
数据的来源有很多，
包括互联网上的数据、社交网络上的数据……
这些数据是分散的、零散的。

比如，今天你发了一条微博：
“今天，我吃了一个橘子。橘子的味道好极了。”
同时，另一个人也发了一条微博：
“今天，我喝了一杯橘子汁。真好喝啊！”
这两条微博的来源不同，说的事也不同，但它们都是数据。
如果这些数据全都被塞进同一个“数据仓库”里，
就会被杂乱地放在“数据仓库”的各个角落，
是分散的、彼此没有关联的，
就像分别被放在孤单的小岛上，各自分离。

如果人们这样去采集、存放数据，那么当需要一些数据的时候，
就只能翻箱倒柜、手忙脚乱地
去这个存储了大量互不关联的数据的“数据仓库”里找，
找到所需数据的速度当然会非常慢。这就影响了大数据的高速性。

怎么办呢？
这时，
就需要用特定的技术作为“帮手”
来解决问题了。

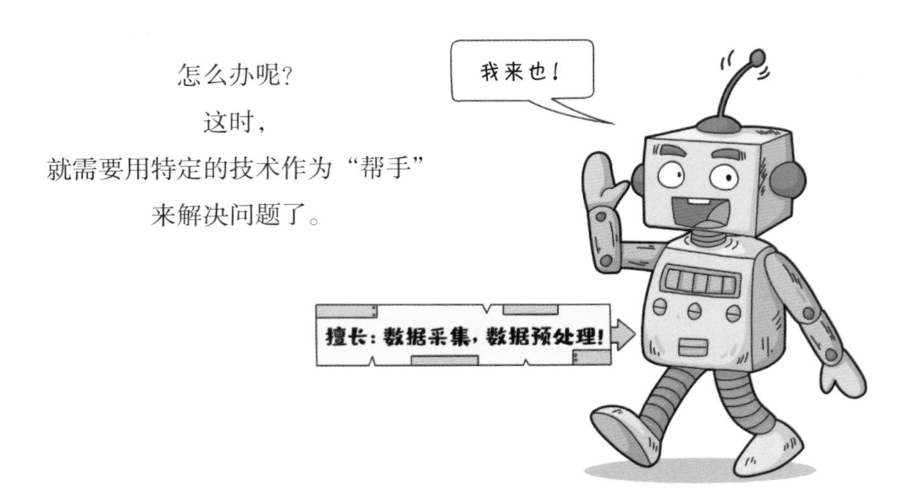

这个“帮手”，
就是数据采集与预处理技术。
它能够把海量数据
放进不同类别的“数据仓库”里，
把所有零散的数据
分门别类地放好，
并且把数据整理得规规矩矩。

比如，这项技术能够识别出你发的微博内容是有关“橘子”的，
而另一个人发的微博内容也是有关“橘子”的，
这时，它就会把这些有关“橘子”的数据存进一个“橘子仓库”，
当人们想获取有关“橘子”的数据时，
只需要进入该仓库去找就可以了。

在“橘子仓库”里，
这项技术还能帮人们建立不同的小仓库。

如果是今天谈论到的橘子，
那么数据就会被放到“今日橘子”仓库；
如果是昨天谈论到的橘子，
那么数据就会被放到“昨日橘子”仓库。
经过这样一番整理，
人们自然就能更快地找到、
拿到自己想要的数据了。

有时，人们需要同时处理非常多个“仓库”中的数据。
比如，微博的数据存储在“数据仓库 A”里，
而微信的数据则存储在“数据仓库 B”里，
如果既要处理“仓库 A”的数据，又要处理“仓库 B”的数据，
一间间仓库地找，就会花费很多时间。

数据采集与预处理技术
能够把两个“仓库”连接起来，
让两个“仓库”里的数据整齐地站好，
使人们一目了然。
这就节省了许多进入不同“仓库”的时间，
提高了数据处理的速度。

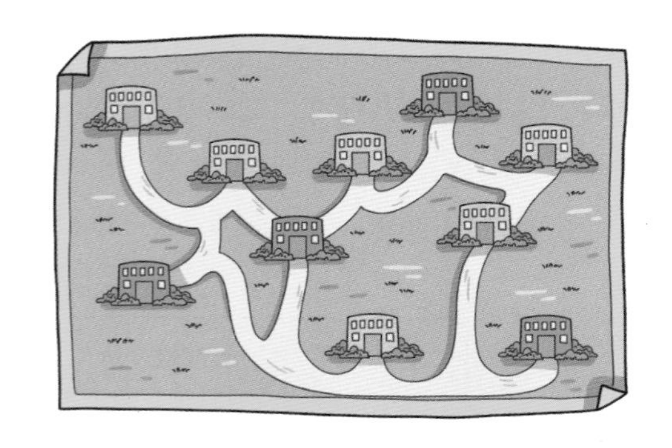

通过多项数据采集与预处理技术，

人们实现了对海量的数据进行智能化识别、定位、跟踪、接入、传输。

下一步就是，如何更准确、快捷地提取数据了。

想象一下，

不同的数据在不同的“仓库”里，

怎么才能精准地推开一扇门，

立刻就看到自己所需要的数据呢？

要解决这个问题，
最简单的办法就是找到
一个虚拟的数据“管家”，
这个“管家”
知道所有数据储存的详细信息，
当你想找一个数据时，
只需要问问“管家”它在哪儿就可以了。

这位记忆力超群的“管家”就是数据存储技术。
当你告诉它你要读取的数据的特征时，
它就会立刻定位数据信息，并将符合条件的数据送到你的手上。

同时，你还可以告诉管家，我要写入（也就是增加）新的数据，
那么它会指导你需要到哪个地点去放入数据，
并且把你创造的新数据妥善安排到它们应该存放的地方。

除此之外，
如果对某些数据所在的位置不满意，
或是希望把某些放得很远的数据
集中在一起，
你还可以随时通过这位“管家”
让数据们搬家。
只要听到“管家”发出
“搬家”的口令，
数据们就会按照你的意愿，
聚在一起或是分开。

当然，
“数据仓库”里的数据，
并非全都是正确的。
它们可能存在着各种错误，
或者是重复的、多余的，
甚至有害的。

譬如，在微博上，可能有许多人转发了同一条微博内容，
这条微博内容每被转发一次，就被存储进“数据仓库”一次，
这样就会产生大量冗余数据。
又比如，微博上有人说：1+1=3，
这样的信息也被存入了“数据仓库”，但它显然是错误的。

这些重复的、错误的数据就像恶魔，
不停地混入你的“数据仓库”，
妨碍了数据处理工作，
拖慢了数据处理速度。
要怎样才能去掉它们呢？
数据清洗技术登场了。

数据清洗技术就像一群专业的安保人员，
能够帮你清理数据仓库，
消灭掉其中的无效数据和错误数据。

此外，
它们还是数据的指路向导。
当你需要利用数据做一些事情时，
也需要它们出马，
来判断哪些数据应该登场，
要去做哪些事。

现在，大数据已经得到了

“数据采集”“数据存储”“数据清洗”等强大能力。

规划得整整齐齐的“数据仓库”，

无所不知的“数据管家”，

数据的安保员和向导，

它们都让数据的处理变得更加快捷、迅速。

大数据的“高速性”（Velocity）

在这些技术的发展下得到了充分保障。

8 有用的大数据：价值性

如果数据只是被单纯地采集、存储，
它们是没有任何作用的。
对于人类而言，
数据的价值体现在它们能给我们带来的信息和知识。
例如，人们在月球上拍摄到了照片，观测到了数据，
如果仅仅只是这些数据，并没有什么价值，
只有当人们把这些有关月球的数据放入计算机里进行分析，
才能够知道月球的具体环境是什么样的、跟地球有哪些区别，
数据分析带来的知识与信息，才是数据带给人们的价值。

就像我们之前说的，自从人们开始利用互联网，
计算机里的数据就越来越多，
这些数据彼此之间似乎没什么关联，
人们也不知道怎么去分析、处理它们，也就感受不到其中的价值。

不能被处理的数据
在计算机里堆得像垃圾山一样高，
却没有用处，
这可难坏了许多
储存了大量数据的公司。

谷歌大厦

其中一个公司叫谷歌(Google)。
它是当时全球最大的
搜索引擎公司。

这个搜索引擎就像我们中国的百度，
在美国，人们打开谷歌进行搜索，
就可以得到各种问题的答案。
每天，有无数人使用谷歌搜索，
这就产生了庞大的数据。
所以，拥有这个搜索引擎的谷歌，
就成为被数据“垃圾山”
困扰最严重的公司之一。

但是，21 世纪初，
谷歌通过三篇论文向大家宣布：
“我已经有办法解决这座数据垃圾山啦！”

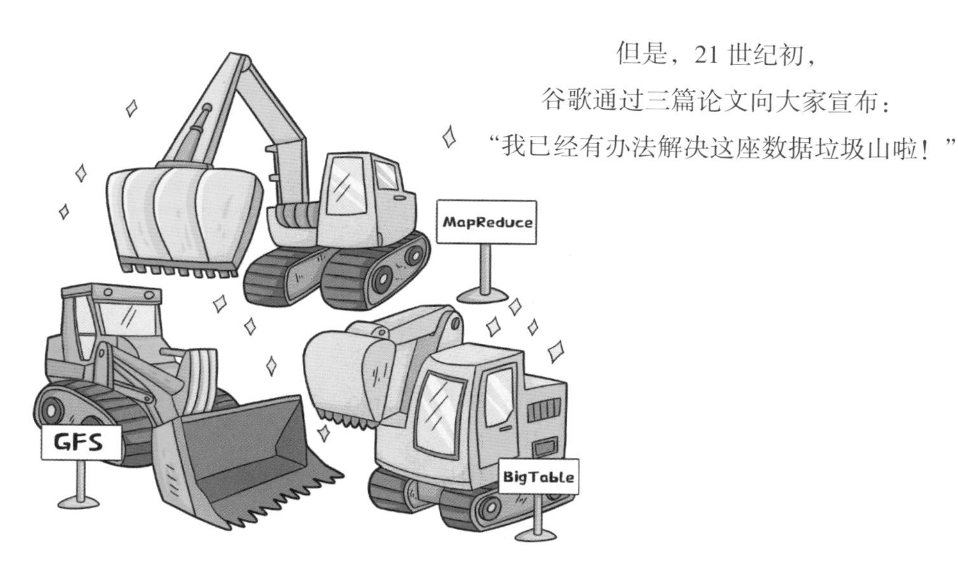

这三篇论文分别讲了谷歌拥有的三项技术：
MapReduce、GFS 和 BigTable，
人们发现，通过这三项技术，谷歌做了非常高级的数据分析。

例如，
把人们搜索问题的数据收集起来，
放入有这三项技术的计算机中，
进行计算和分析，
谷歌就能够知道
最近人们更关注哪些方面的知识，
对哪些方面的信息更加好奇，
然后得出人们关心的内容，
再将其呈现。

后来，
人们把谷歌这三篇论文称为大数据的“三驾马车”，
这三驾马车的出现，揭开了大数据时代的帷幕。

但是，
谷歌只是告诉了别的公司：
你们可以利用这三项技术
去解决问题，
技术的原理我可以告诉你们，
你们自己去悟吧！
至于技术本身，
嘿嘿，我才不给你们呢！
于是别的公司只能看着
谷歌一家独大，
干着急。

在追逐谷歌的企业里，
有一个跟谷歌很像的“小弟”，
叫雅虎。

雅虎一直在学谷歌的技术，
谷歌做搜索引擎，它也做搜索引擎；
谷歌搜集海量的数据，它也跟着搜集海量数据。
所以，它也有被数据“垃圾山”困扰、利用不了数据的难题。

但是谷歌这个大哥
不告诉它数据分析的秘密，
怎么办呢？
它只好抱着谷歌这个大哥
写出来的三篇论文，
读啊读，悟啊悟。

2006 年，雅虎告诉大家：“我悟出来了！”

然后，它推出了一款软件——Hadoop。

这款软件能够比较好地实现“将数据放入计算机里进行分析”的功能。

更厉害的是，雅虎做了一次大好人——

慷慨地把这款软件提供给所有需要进行数据分析的企业。

所有企业都乐坏了。

大家都开始利用这个程序

进行海量的数据分析。

雅虎这家“小弟”公司开发出的 Hadoop，

真正开启了全民发掘数据价值的

大数据时代。

这家伙的脑子
是不是坏掉了！！

谷歌

雅虎员工

之后，数据分析技术不停地发展，
出现了更多的用途，
使所有人都能够在数据之中发现价值。
比如，你可以在学校里做一次调查，
问一问大家喜欢玩些什么游戏，
为什么喜欢，
并得到一些相关的数据，

最受欢迎的7款游戏
和平精英
王者荣耀
第五人格
我的世界
迷你世界
球球大作战
原神

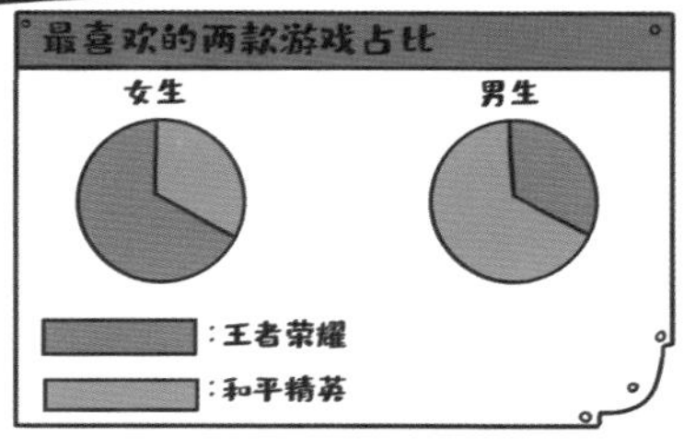

再把这些数据放入计算机里的数据分析程序中，
它就能为你计算、分析。
最终，通过计算机输出的图片和表格，
你就能清晰地知道：
大家喜欢玩的游戏属于什么类型，
什么样的人会喜欢某种游戏类型……
数据分析技术会把方方面面的信息提供给你。

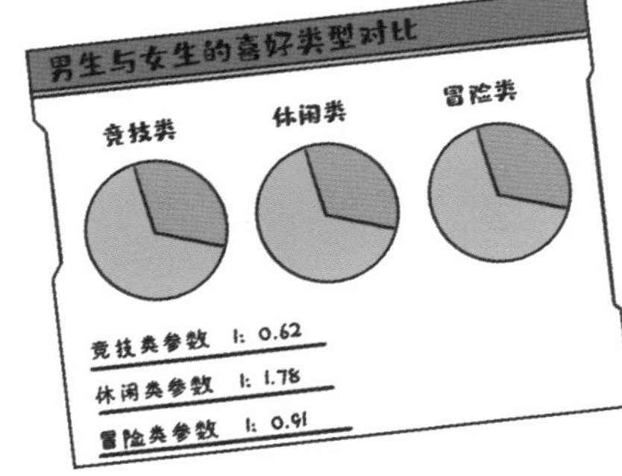

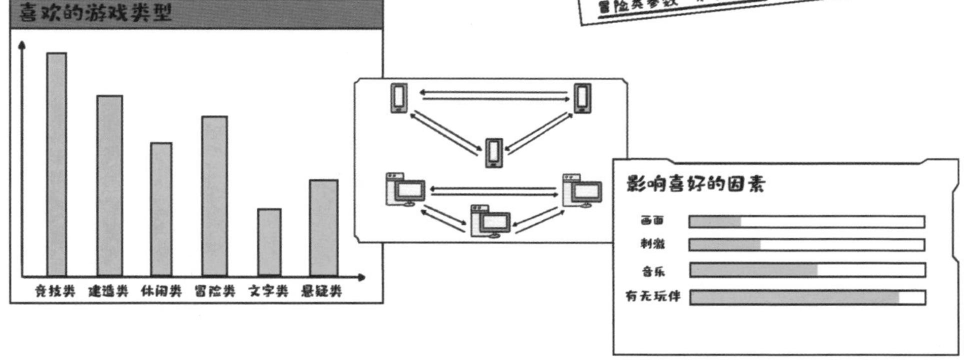

数据分析技术还能让你未卜先知，
也就是预知未来。
这种预知能力最常见的应用就是天气预报。
通过对海量数据的采集与处理，
人们已经能够预测接下来几天的天气情况。
随着超级计算机，
以及更先进数据分析技术的应用，
人们对天气变化的预知能力将会越来越高，
对各种自然灾害的防范和应对能力也越来越强。

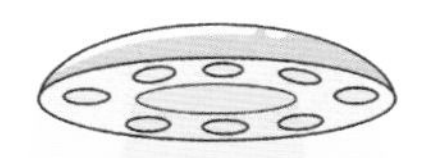

数据分析技术，

就是从大量的数据里分析、总结出人们关心的、有价值的信息。

而这项技术的发展，

自然也就帮助人们解决了数据的“价值性”问题。

当人们掌握了数据的各项技术，

并把它们共同运用到庞大的数据上时，

大数据就完成了 4 个 V 的“进化”。

这个时候，

大数据就成为真正可以被人们广泛利用的一项技术，

并且为世界所认可。

9

被认可的大数据

不同国家的企业都开始处理大量数据啦！
他们开始给庞大的数据
非正式地起名叫“大数据”，
把相关的处理技术称作“大数据技术”。

这时，
各个国家的政府和研究机构
都开始关注起“大数据”
这个新名词，
但对它的概念和定义，
还没有统一的标准。

2008 年，

美国的业界组织计算社区联盟发表了白皮书

《大数据计算：在商务、科学和社会领域创建革命性突破》。

在这个白皮书里，

科学家指出：

其实，数据本身不是那么重要，

重要的是大数据会带来数据的新用途，

并改变人们对数据的看法！

人们以后可以用大数据做许多意想不到的事。

2010年，肯尼思·库克耶发表了一篇文章
《数据，无所不在的数据》。
在这篇文章里，库克耶这么描述大数据：
“世界上有着无法想象的巨量数字信息，并以极快的速度增长。
从经济界到科学界，
从政府部门到艺术领域，
很多方面都已经感受到了这种巨量信息的影响。
科学家和计算机工程师为这个现象创造了一个新名词——大数据。”

从此，
“大数据”这个名词
正式开始被世界知道，
并被作为专有名词使用，
库克耶也因此成为最早
叫响“大数据”名字的
数据科学家之一。

在大数据的名字被叫响之后，
它迅速地在全球开始盛行，
成为人们在日常生活中经常提及的名词。
除了科技行业的人们热情似火地拥抱着大数据外，
各行各业的人们也开始发现它的巨大价值。

有人说，
大数据就像是 20 世纪的石油，
不仅具有广阔的市场前景，
还有极高的开发价值。
也有人说，作为信息时代的核心资源，
大数据的价值比石油更加珍贵，
因为它正引领着“第四次工业革命”的潮流，
为整个人类社会带来了前所未有的变革和机遇。

你可能会问：什么是工业革命？
简单来说，就是很久很久以前，
人们用机器代替了手工劳动，
使得商品的生产变得更快、价格变得更便宜，
人们的生活也就变得更好了。

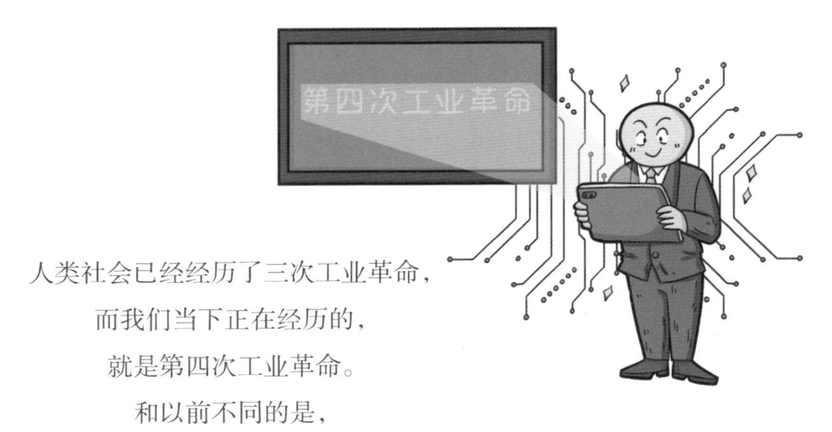

人类社会已经经历了三次工业革命，
而我们当下正在经历的，
就是第四次工业革命。
和以前不同的是，
这一次的工业革命不是机器代替人们的体力劳动，
而是让智能科技取代人们的脑力劳动。
所以，第四次工业革命又叫作数字化革命或者智能科技革命。
而大数据，就是这场数字化革命的“排头兵”。

进行数字化革命，
就如同做一道美食大餐，
既需要有各种食材，
又需要有各种锅碗瓢盆，
需要不停变化做菜时的火力，
还要根据不同菜品选好正确的调料，
控制好火候。
仅凭一两个人或零散的技术，
是无法让所有步骤都完美无瑕地连接起来的。

只有在掌握了大数据技术之后，
人们才有了大规模的数据支撑。
而大数据除了是巨大的“食材”外，
又是用来做菜的“锅碗瓢盆”——
帮助人们获取、分析、处理、反馈各种信息，
打造未来社会中更加完美的信息系统和智慧体系。

关键词大揭秘

数据　指的是我们日常工作、学习等活动中产生或收集到的各种记录信息，它有文字、图片、声音、视频等多种形式，例如在网上购物时填写的个人信息、在微信上留下的聊天记录等。

穿孔制表机　由美国人赫尔曼·霍勒里斯发明，是一种早期的计算机，通过在纸上打孔来存储和处理信息。

数据采集　指将数据从传感器等设备上收集，并保存在电脑或移动设备中的过程。数据采集是大数据最基础的功能。

数据存储　指将数据保存在计算机系统或其他设备中，以备随时进行处理和使用。大数据会根据实际需要对数据进行存储，以确保其易于访问和管理。

数据清洗　指通过各种技术和方法，将数据中的错误、重复、不完整或无用信息进行识别和处理，以确保数据质量和准确性。数据清洗是人们在利用庞大数据之前的必经过程。

数据分析 指将收集到的数据进行整理、清洗，从中提取出有用的信息，并应用统计学、机器学习等方法，得出能够“预知未来”的结论，为人们提供未来行动的建议。

数字化革命 也被称为“第四次工业革命”，指在电子计算机普及的推动下，各行各业广泛采用数字技术和信息化手段，从而减少工作成本，实现社会各方面的大变革。

大数据 4V 指大数据的四个特征，即 Volume（海量性）、Velocity（高速性）、Variety（多样性）和 Value（价值性）。

谷歌公司 成立于 1998 年 9 月 4 日，是一家总部位于美国的全球性科技公司，主要提供搜索引擎、云计算等产品和服务。它是使用大数据分析和处理技术的先驱，拥有极高的将海量数据转化为有用信息的能力。

雅虎公司 成立于 1995 年 3 月 1 日，是一家美国科技公司，开发出了全球共享的大数据软件—Hadoop，为全民发掘数据价值开创了一个新的时代。2017 年 6 月 13 日，雅虎被美国大型通信企业威瑞森收购，正式退出历史舞台。

上架建议：少儿·科普
ISBN 978-7-5763-2460-0
9 787576 324600 >
定价：69.00 元（全 3 册）

孩子读得懂的大数据

② 一切全知道

于欣媛 著 野作插画 绘

北京理工大学出版社
BEIJING INSTITUTE OF TECHNOLOGY PRESS

2 一切全知道

于欣媛 著 野作插画 绘

北京理工大学出版社
BEIJING INSTITUTE OF TECHNOLOGY PRESS

图书在版编目（CIP）数据

孩子读得懂的大数据：全3册 / 于欣媛著；野作插画绘. -- 北京：北京理工大学出版社, 2023.8

ISBN 978-7-5763-2460-0

Ⅰ. ①孩… Ⅱ. ①于… ②野… Ⅲ. ①数据处理—儿童读物 Ⅳ. ①TP274-49

中国国家版本馆CIP数据核字(2023)第105927号

出版发行 / 北京理工大学出版社有限责任公司
社　　址 / 北京市海淀区中关村南大街 5 号
邮　　编 / 100081
电　　话 / （010）68914775（总编室）
（010）82562903（教材售后服务热线）
（010）68944723（其他图书服务热线）
网　　址 / http://www.bitpress.com.cn
经　　销 / 全国各地新华书店
印　　刷 / 三河市金元印装有限公司
开　　本 / 787 毫米 × 1092 毫米　1/16
印　　张 / 11.5
字　　数 / 123千字
版　　次 / 2023 年 8 月第 1 版　2023 年 8 月第 1 次印刷
定　　价 / 69.00元（全3册）

责任编辑 / 陈莉华
文案编辑 / 陈莉华
责任校对 / 刘亚男
责任印制 / 施胜娟

目录

1 数据挖掘：对你了如指掌 01

2 数据算法：推荐你最想看的 11

3 预测分析：未来全部都知道 21

4 云计算：一切都是小意思 32

关键词大揭秘 50

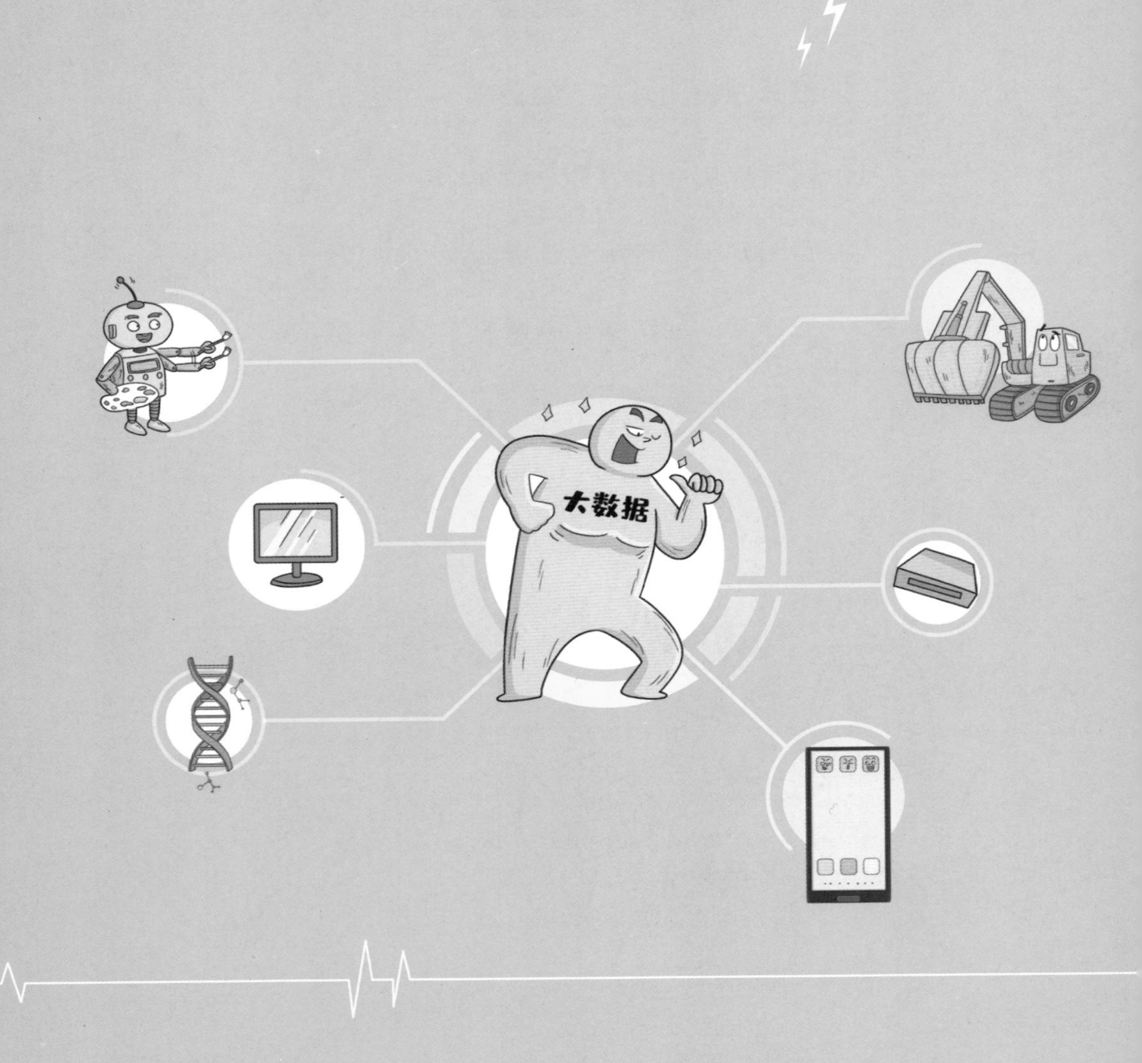
大数据

1 数据挖掘：对你了如指掌

如果我告诉你，
爸爸、妈妈经常不知道
自己想要什么东西，
你会不会觉得不可思议？

你可能会立刻说：不会啊！
妈妈总是想买漂亮的东西，爸爸总是想买好玩的东西……
但其实，父母想要的东西远远不止这些，
只是他们没有意识到。

举一个简单的例子。

在美国，许多年轻的男人喜欢喝啤酒。

但在他们做了爸爸以后，就经常想不起自己还有这个爱好了，

因为在下班后，比起喝啤酒，

他们还有更重要的事——回家照顾他们刚出生的小宝宝！

而照顾宝宝的一个重要环节，

就是为小宝宝买各种各样的东西，

其中包括一件必需品——纸尿裤。

所以，每隔一段时间，

年轻的父亲们就要进入超市购买纸尿裤。

这时，他们进入超市的目的也只是想要买纸尿裤而已。

超市负责人看着
每天来买纸尿裤的爸爸们，
想到了一个问题：
既然他们每天都会来购物，
除了纸尿裤，
能不能让他们也买点别的？

于是，负责人就打开了独特的大数据机器人——
数据挖掘机，
让这种机器去分析这些爸爸的爱好、特征和习惯。
不久之后，机器告诉负责人：
这些爸爸买纸尿裤时，还想要买一瓶啤酒！

听完数据挖掘机的结论，超市负责人决定——听你的！

就在超市里的纸尿裤旁边，摆上啤酒试试！

令人惊奇的现象来了——

爸爸们真的非常喜欢在拿走一包纸尿裤后，顺手拿走一瓶啤酒。

这个时候他们才想起来，对哦，啤酒也可以买回家里喝。

你看，进超市时，

这些爸爸本来没想买啤酒的，

但数据挖掘机却发现了

他们的隐藏需求，

让他们意识到：

“噢！没错！

原来我还应该买啤酒！”

美国的爸爸们自己也没注意到的真实需求就这么被挖掘了出来。

数据挖掘机先是找到了他们的共同爱好，

再去分析他们每次进入超市的行为，

把这些东西全都转化成数据，

再从大量的数据里，挖掘到隐藏其中的信息。

所以，有时候，大数据挖掘机

可能比你自己更懂你想要什么呢！

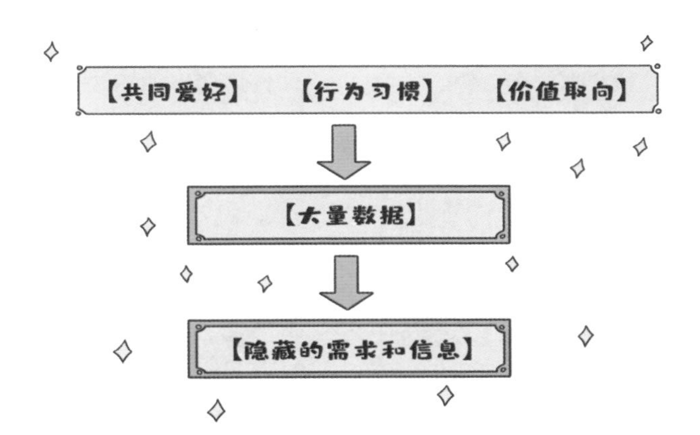

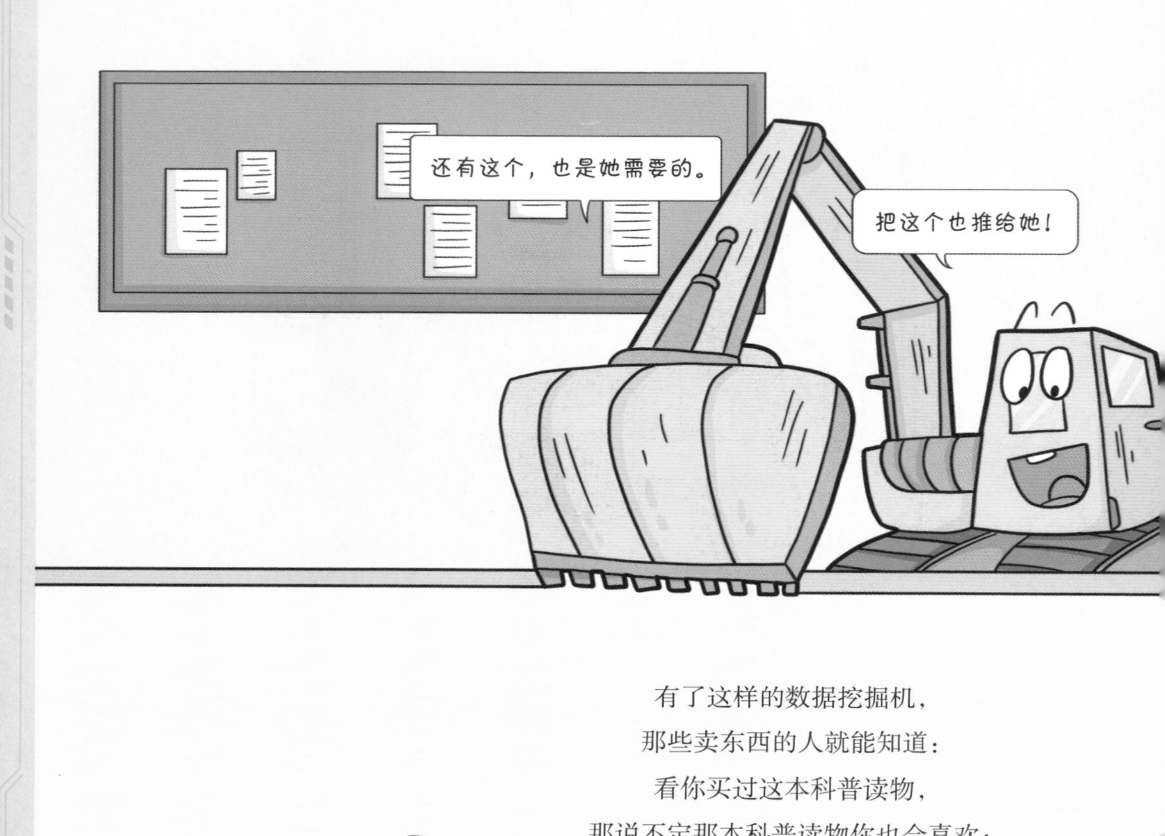

有了这样的数据挖掘机，
那些卖东西的人就能知道：
看你买过这本科普读物，
那说不定那本科普读物你也会喜欢；
看你买过这身漂亮的衣服，
那说不定同样风格的衣服你还会再买一件。
通过数据挖掘，
商家能了解到你的需求，
就会把你可能会买的东西都展示给你！
给你许许多多的购物信息！

这些购物信息在哪里展示呢？
想想看，
现在大人们都在哪里买东西？
他们更多地在哪里
查看购物信息呢？
当妈妈们想购物时，
是不是会立刻拿出手机？

——没错！
人们最常接收到购物信息的地方，
就是手机上的购物 APP，
比如淘宝、京东、天猫、闲鱼、美团……很多很多。

这些购物 APP（或网站）里，
全都装着大数据挖掘机器人，
它们每天的工作，
就是为人们挖掘出那些潜在的、人们还不知道的需求信息，
然后通过手机展示给屏幕外的人
——可以是一些商品的图片，
也可以是商品的广告视频。
因此，当人们点开购物 APP 时，
他们立刻会得到个性化、有针对性的推荐，
所推荐的正是他们自己特别想要的产品！

当下，
几乎所有的大数据挖掘机器人
都被科学家“锻炼”得非常聪明，
它们判断人们的喜好，
既准确，又快捷。

有时，
当你在手机上点击了一次
某个物品的链接后，
你就会发现，
手机上出现了
好多类似这个物品的、
你可能想买的同类产品，
这些产品全被大数据挖掘机器人
一股脑儿送到了你的眼前！
而你要做的只是从中
挑出你最喜欢的那个！

大数据帮助人们
更加便捷地购物，
在使人们认识到自己到底
想要买些什么物品的同时，
还能够立刻将这些物品的信息
送到人们眼前。

这样，想买东西的人就节省了很多筛选物品信息的时间，
而想卖东西的人，
也能更快地把自己的东西展示出去，最终把商品卖出。
这个买进卖出的过程，就是消费。
可以说，大数据促进了人们的消费欲望，
同时呢，理论上也减少了人们
在消费过程中所花的时间和精力。

Z

数据算法：推荐你最想看的

在 4G、5G 技术发展起来以后，
网速越来越快，
加载视频的速度也跟着提升。
看视频已经成为人们的日常娱乐项目。
你一定听说过一些手机视频 APP：
抖音、小红书、快手、哔哩哔哩……

相信你和你的同学
都曾经在手机上看过很多视频；
你的爸爸、妈妈也许在闲下来的时候
也喜欢拿起手机看这些 APP；
在户外，
经常能看到拿着手机看视频的人。

现在的互联网非常发达，
全球每天都有数以亿计的视频被上传到网络，
但是这些视频的内容并不都是我们喜欢的或感兴趣的。
如果在手机上，接连刷到了好几个不感兴趣的视频，
也许我们就会觉得：啊，这个 APP 真没意思……

但当我们在看这些 APP 时，
会发现：
推荐给我们的视频，
我们都蛮感兴趣。
为什么会这样呢？
这些 APP 是怎么知道我想看哪些内容的呢？

这就要提到两个词，
一个是“算法”，
另一个是“用户画像”。
首先，我们来说说“算法”——
你可以把它理解成
一个画家的名字。
我们把使用网站和 APP 的人称作用户。
而这位叫作“算法”的画家的工作，
就是住在各式各样的网站、APP 里，
不停地为用户描绘画像，
而它画出来的画，
就被称作这些网站和 APP 的“用户画像”。

既然要画像，那么画家肯定要去观察用户。
但是，“算法”这位画家的观察方式与众不同，
它不去看用户，而是用大数据去算。
每天，用户在网站和 APP 里浏览着大量的内容，
这些浏览的记录就成为数据，
被收集、保存下来，存进之前我们说的“数据仓库”。
当“算法”进入“数据仓库”，
这位画家就会去找其中与用户相关的内容：
今天要画的用户曾经点击过什么样的视频、
打开过什么样的网站、给哪个视频点过赞、
关注过哪些特殊领域的人……

找到相关的内容之后，
“算法”就会根据
数据仓库里的信息，
开始计算：
这位用户喜欢的视频
都有哪些共同特点，
喜欢看什么方向的内容，
喜欢接收什么领域的信息……

当这位画家计算好后，在它的脑中，
就会浮现出这位用户关注的领域、感兴趣的点。
根据这些计算出来的数据，
“算法”会展开联想：
喜欢这些东西的人，会是什么样子？

“算法”这位画家把它的联想用画笔记录下来，

在用户画布上，画出一位用户的样子，

最终，一个喜欢看相关内容的人跃然纸上——

“用户画像”就这么在画家笔下成形了。

在这幅清晰的画里，

能看见这位用户的喜好、兴趣偏向，

甚至还会有画家对这个人的猜测：

他应该会喜欢看这个……

他还应该会喜欢看那个……

当这位画家把它画下来的所有

“用户画像”都提供给网站和 APP 的时候，

网站和 APP 就能够知道每一个用户的样子——

用户喜欢看的东西、想要接收的信息等。

它们只需要看着画像，

就能知道用户是什么样的人。

这时，手机视频 APP 就会根据用户的需求，

准确地把它们想看的视频推送出来。

如今，
各种各样的网站和 APP
都有自己的算法，
算法越先进，
画出来的用户画像越准确，
它们就越能把握
用户的深层需求，
也就能在行业竞争中
占得先机。

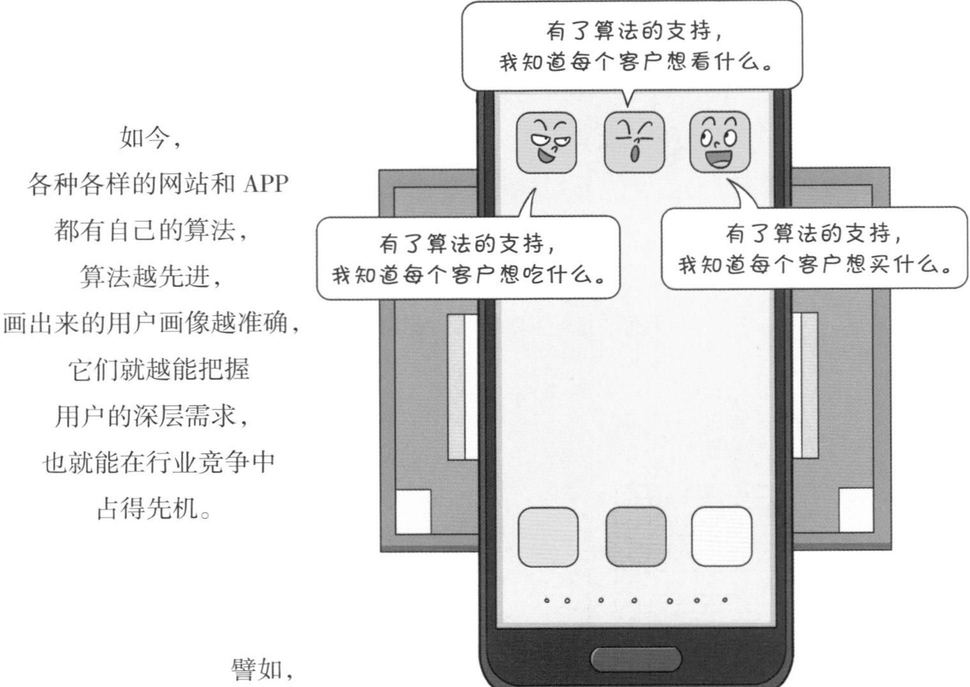

譬如，
我们常接触的淘宝、抖音、
快手、今日头条等，
都是在优秀算法的支持下，
成为行业中的翘楚的。

以某金融 APP 为例，
它的“算法”画家，
会着重记录用户的消费数据。
比如，
用户喜欢把钱花在什么地方，
这位用户这个月花了多少钱买东西，
这位用户都喜欢买什么品牌……

利用搜集来的数据，
“算法”能知道每一位用户的消费喜好，
每一类用户的关注区域，以及用户们的成长轨迹。
APP 就据此给不同用户推荐适合他们购买的商品和金融服务。

当互联网企业和它们的运营者能清清楚楚地知道
自己的用户是什么样子的时候，
他们也就能够不断地用最适合的办法去吸引住每一个用户，
并且在用户的每一次点击、每一次点赞里，
去探索、预测更准确、更深层的用户需求。

3
预测分析：未来全部都知道

一传十，十传百……
流行感冒
可以说是扩散最快的疾病之一了。
这种可恶的传染病，
能引起头痛、发烧、流鼻涕等多种症状，
打乱人们的出行、学习计划，
严重影响人们的生活。

要是能早点儿知道
疾病的流行该多好啊，
那样就能提前防备、研发药物，
使它无法大规模扩散了。
那么，
有没有让人们
预知传染病的办法呢？

你别说，
人们真的曾经成功“预知”过疾病的流行！
在 2009 年，
出现了一种叫作“甲型 H1N1 流感”的疾病，
它在短短几周之内迅速传播开来，引起了全球的恐慌。
当时，各国的医院和公共卫生机构都面临着巨大的压力。
但是，美国有一个公司，
在这个疾病蔓延之前就预测到了它的流行。

这个公司不是别人，正是大数据技术领先的谷歌。
谷歌搜索引擎每天都会收到几十亿条来自全球各地的搜索指令。
运营者发现，一旦人们患上流感，
在引擎上搜索特定词条（比如，“流感”“感冒药”）的频率就会大大增加。
如果分析出搜索者的地址，以及搜索频率增加的趋势，
就能大致判断流感出现的区域及强度。

于是
在 2008 年，
谷歌推出了一款名为
“谷歌流感趋势”的
大数据产品。

每当一个用户搜索了这些与流感有关的词条，

这款大数据产品就会做出反应，

把这个用户的所在地区、搜索词条记录下来，

然后利用大数据技术去汇总和分析这些检索词条，

谷歌就能知道：哪些地方的人们频繁地搜索了这种疾病。

就在甲型 H1N1 流感爆发的几周前，

这款产品忽然发出了警报：

在全美范围内，许多区域的人们都在搜索流感的信息！

在这时候，谷歌发现，许多人已经患上了流行性感冒！

谷歌马上开始关注这个问题。

谷歌的大数据研究人员把最近有关流感的几十亿条搜索记录

导入数据分析系统，

处理了 4.5 亿个不同的数据，

最终得到了一个预测未来的结论：

这次的流行性感冒非常厉害，

它很有可能会在全国甚至全球蔓延！

随后，

谷歌把这个结论告诉了

美国的疾病控制与预防中心（简称 CDC），

CDC 也马上对这次流感重视起来，

开始采取相应的防治措施。

美国的疾病控制与预防中心（CDC）

谷歌帮助 CDC 判断出了流感的趋势，
并且准确地提供了
流感发生和流行的地区，
使得 CDC 能够提前部署流感的防治工作，
提醒人们戴上口罩，减少出行。
同时，CDC 也将对这次流感的预测告诉了
政府和医院，
提供了许多及时的、有价值的数据信息，
让美国的各个医疗机构能够
针对流感做好准备。

大数据在这次甲型 H1N1 流感大暴发之前，
预测了它的流行，
并且有力地协助了医疗卫生组织，
对控制流感的传播起到了很大的作用。

谷歌不是医疗组织，
这家企业的工作人员不懂医学，
也不知道流感传播的原理，
但是它以大数据为样本，
对大量数据进行了计算和预测分析，
得出了数据之间隐藏的相关性，
最终有效地预测了大型流行疾病的到来。
这就是大数据的本领——让人们预知未来。

在当下，
许多医疗机构已经和众多像谷歌这样的
互联网数据机构联起手来，
利用大数据去寻找面对疾病流行时
最有效的预防、干预措施。

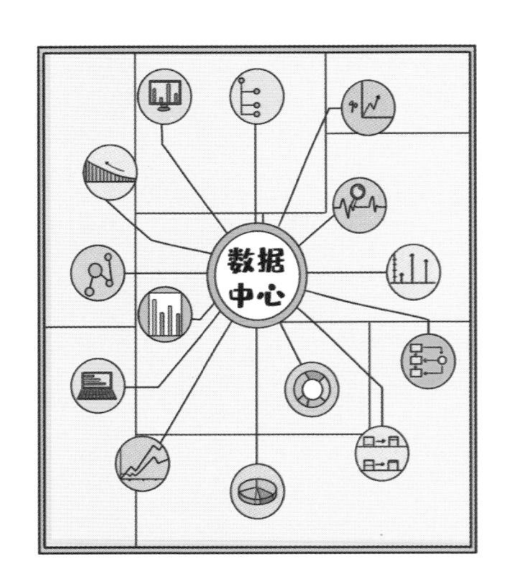

而且，不仅在医疗行业，
在世界上的各个行业，
人们都可以利用大数据对未来的
各种流行趋势进行预测。
只要有足够的数据，
人们就可以在一定程度上“预知未来”！

比如，想象你是一家大公司的老板，
为了公司不亏钱，
你肯定想知道公司在未来会面临什么样的风险和问题。
这时，就可以启用大数据技术，
对公司的运营状况进行预测分析。

你要做的是：派出公司里的一个人，
把以前的企业报表（这张表记录着每个月每家企业是亏钱还是赚钱）、
融资情况表（这张表记录着谁愿意给这家企业钱去做事）
等经营数据导入大数据的预测分析系统。

那么大数据要做的事是什么呢？
在大数据的系统里，
保存有许多公司的经营数据。
这些公司也曾经面临种种问题，
而其中有些公司的经营数据也许和你的公司的非常相像。
大数据要做的事，
就是把你的公司的经营数据和这些公司的经营数据进行比对、筛选，
然后拿着它分析出来的预测报告，
告诉你：你看，这家跟你的公司的数据很相似的公司曾经出现过某些问题，
那么你的公司在未来也很有可能出现这样的问题！你要注意喽！

你看，大数据的预测分析能够帮助人们
在各种情况下避开未来可能遇到的灾难。
不论是疾病的风险、金融的风险，还是经营的风险，
都有可能隐藏在搜索记录、经营数据等信息中。
而如果人们能提前知道未来可能会发生些什么，
就能及时采取措施去预防风险。
同时，通过这些预测分析，
人们还能知道：
现在到底应该做些什么，或是怎么做更好。

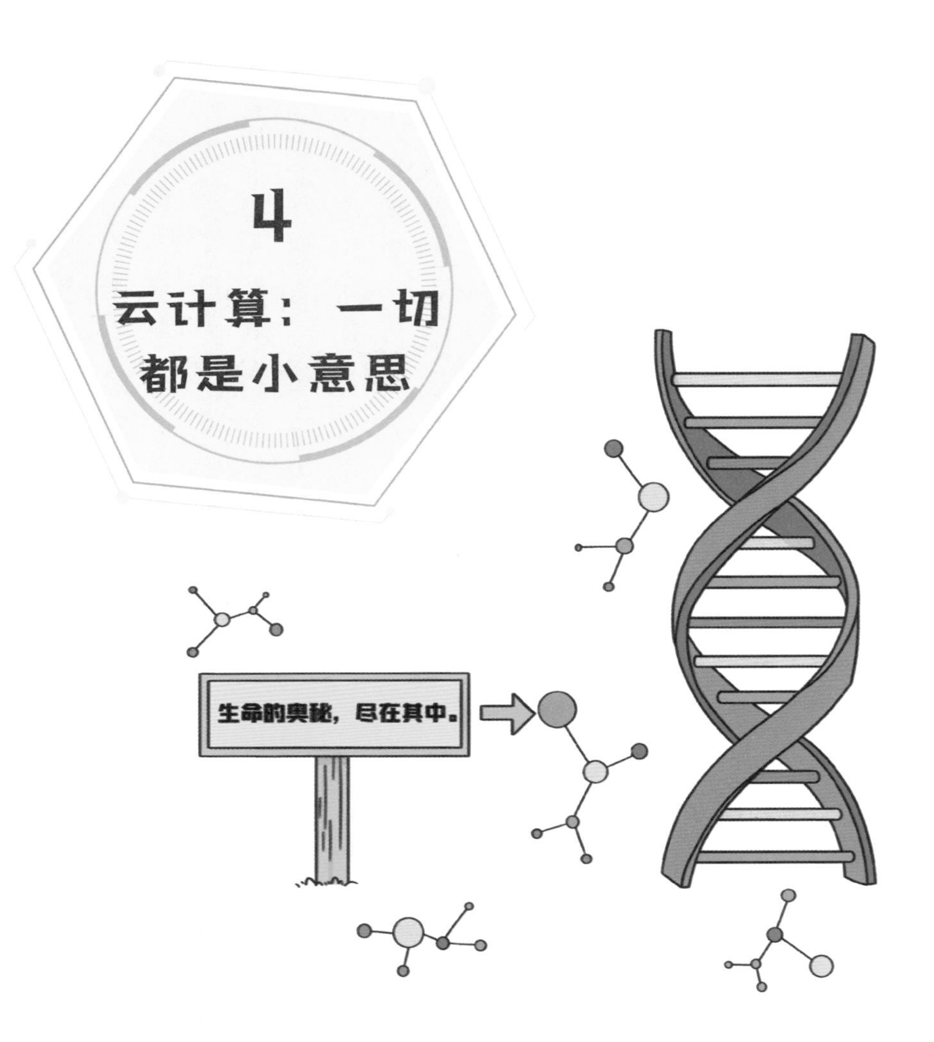

你知道是什么决定了你的长相、血型和种族吗？

也许你会说，是爸爸、妈妈决定的！

但实际上，真正决定“我们长什么样”“我们是谁”的东西，

叫作基因。

它在我们的身体里，

储存着我们的外貌、种族、血型、生长、死亡等过程的全部信息。

可以说，

基因就是存在于我们体内的一个“数据仓库”。

可以说，

我们一生当中的

成长、生病、衰老等生命现象，

都与基因有关。

它是决定着我们生老病死的内在因素。

只要我们对基因这个“数据仓库”里的数据进行分析，

我们就能够知道：

我能不能长得更高，我容易患上什么疾病……

对世界上的某些人而言，
他们的这座“数据仓库”
建得不是很好，
数据被放进了错误的地方，
或者天生就缺少了某些数据，
他们就会更容易患上某些疾病，
如癌症、糖尿病。
而这种存在缺陷的基因，
就叫致病基因。

糖尿病致病基因

健康基因

只要知道了人体内有哪些疾病的致病基因，
就可以推断出人们容易患上哪方面的疾病。
这对医生和患者而言，可是非常重要的信息！

去吧！
进行数据分析！

如何才能知道自己
有哪些疾病的致病基因呢？
这就需要对基因进行数据分析了！

但是，基因的“数据仓库”不像计算机里的数据那么一目了然，
不能直接被拿出来进行分析。
因为，它里头装载的数据需要经过破解和翻译才能使用。
它就像一张写满了大量密码和数学题的纸，
只有知道了解题方法，才能提取到有效的数据，
知道其中包含的信息的意义。

而对这些基因里的数据密码进行解读的技术，
就叫作基因测序。
随着互联网的普及、实验技术的不断创新，
不论患者还是医疗机构，
都越来越想知道基因中包含的秘密。
但是，基因测序每年能够产生
大约150PB(如果忘记了PB有多大,可以翻回第一本看看哦)的数据，
如果将这些数据存储在DVD中，
刻录出来的DVD高度能够达到4000米!

在当下，即使用最先进的基因测序技术，
对一个人的基因进行数据分析，
也要花上三到五天的时间。
想想看，如果科学家想建立一个完整的基因库，
就需要收集全球几十亿人的基因，这得花上多少天啊！

对于科学家来说，
一台计算机的运算能力是远远无法满足基因测序的需求的，
那么就要去买好多台运算能力更强的计算机。
但是，基因数据永远都在不断地增长，
当科学家研究一个疾病的基因时，
就需要去计算、分析成千上万的患者长达数年的统计数据，
科学家发现，不管花钱买多少台计算机都算不过来！
而且这些计算机一直运行着，好费电呀！

怎么办呢？

这时候，就要用上大数据的另一个技能——云计算。

既然自己的计算机算不过来，

那就干脆把数据放进互联网，

让互联网上的其他计算机一起来帮我算吧！

虽然这些计算机不属于我，

但只要在网上，

把散落在世界各地的计算机资源协调、汇聚在一起，

让它们在虚拟的网络上组成一大片团结的“云”，

就能使它们共同来帮人们解决繁重的计算问题了。

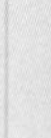

计算机在网络上围成的这片“云”，
就被人们称作云计算平台。

在这个平台上，
众多计算机和谐地在一块儿共同工作，组成一个工作室。
当人们需要计算一些庞大的数据时，
只需要把这些数据通过互联网上传到网络世界中的这片“云”上，
并告诉云上的计算机它们需要做什么，
这些计算机就能够为人们处理高达 ZB 级别的数据了。

有了云计算平台后，

人们不再需要花很多钱去买属于自己的计算机，

而可以直接利用云计算平台处理自己手上的海量数据了。

当科学家把手上的基因数据上传到云计算平台，

平台上的计算机就能非常快地为科学家这位“客户”

进行基因测序的解题工作，

完成计算、分析任务，

更好地解读基因，提供数据价值。

当基因测序完成后，
科学家和医生就能知道
人们患上某种疾病的风险有多高，
然后就可以提醒那些有基因缺陷的人们：
在疾病发生之前的几年，
甚至几十年进行准确的预防，
这样，
这些人就不会那么容易生某种病了。

同时，
破解了基因这座“数据仓库”后，
还能知道哪种药物
会对特定的患者比较有效。
这样，
医生就能为患者
推荐更好的医疗方案，
向人们提供更好的健康指导服务、
用药指导服务，
患者的病就更容易被治好啦！

基因测序只是云计算应用的一个方面。

实际上，

不论是医疗机构、金融机构，

还是其他任何机构，

只要你有海量的数据需要处理，

并且不想花费太多的钱去购买大量计算机或价格昂贵的服务器，

那么在大数据时代的当下，

就可以运用云计算平台，

跨越空间限制，

去利用“云”上的计算机为你服务。

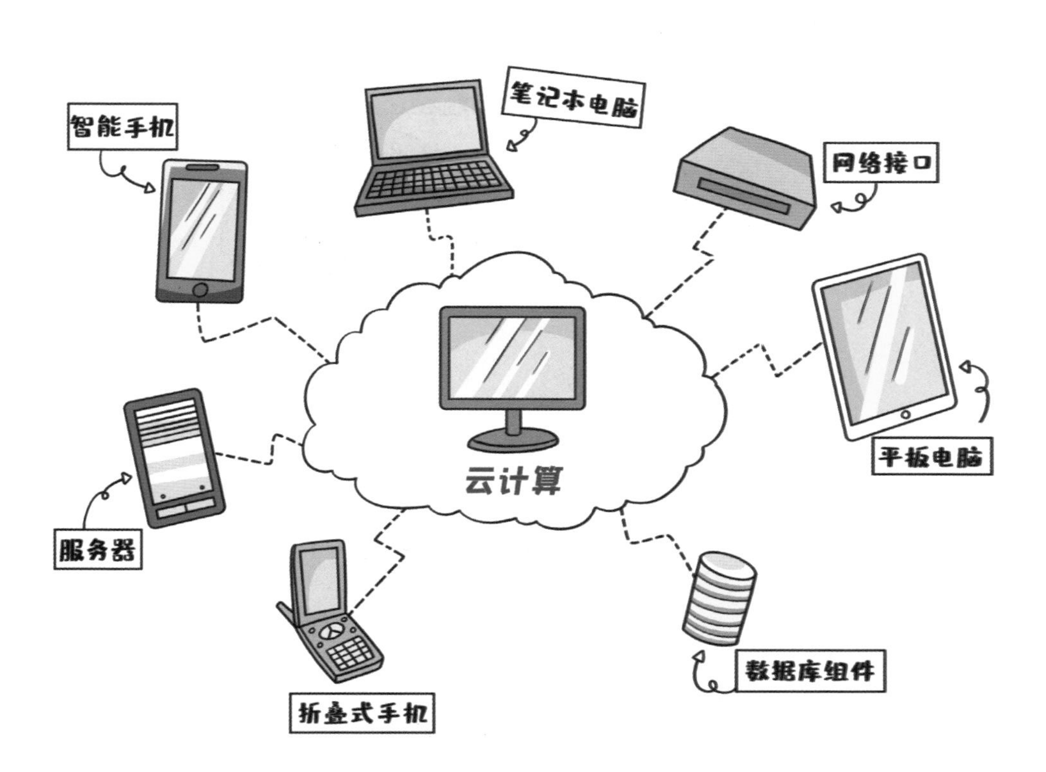

你或你的家人可能会时常遇到这样的问题：

妈妈喜欢拍照和录视频，

但是手机的内存总是不够，

数据总是一下子就把手机塞满了。

爸爸处理工作时会用到很多文件，

但是电脑 C 盘、D 盘太小，

总是苦恼不知该往哪儿放这些文件。

你自己用手机玩游戏时总是卡顿，

屏幕上老提示“内存不足”。

这些问题的“终极原因”就是——数据太多，

我们的计算机、手机不够存放啦！

云计算平台能为人们提供的最基础的服务，
就是给大家的计算机、手机“腾出地方”。

云计算搭载的“云存储”功能能让用户
将文件和数据存储在云服务提供商的云服务器中。
使用户可以通过任何有网络连接的设备随时访问和管理自己的数据，
如照片、音乐、文档等。
这样，大家的电脑和手机就不用总是被装得满满的了。

你有没有幻想过爸爸妈妈不用出门上班，

可以天天在家陪你的未来呢？

云计算或许可以帮你实现。

除了为用户的数据“腾出地方”之外，

云计算还能为用户提供“新的地方”。

当下，越来越多的公司选择“远程工作模式”——

让员工们在家办公。

在不同的区域甚至是不同的国家办公，

这样的“远程工作模式”也依赖着

云计算平台提供的“云上办公室”。

首先，云计算平台能够给企业的员工们
提供“虚拟会议室”——
就像是一个网上聊天室。
这个虚拟会议室可以让参会人员
通过网络连线一起进行视频会议、语音聊天或文字交流，
没有必要亲身到场。
这就意味着即使人们在世界不同的地方（家里、咖啡馆甚至海外），
仍然能够轻松参加会议。

其次，云计算平台还能够给

企业的员工们提供“云上办公室”。

在这个网络办公室里，

员工们可以借助许多在线的协作工具

来编辑一个共同的文档、构建一个共同的项目、

没有障碍地跟不同的部门成员沟通。

同时，因为这些在线协作工具是大家共用

并且由云计算平台统一管理的，

谁在编辑文档时出了错误，

谁在共同作业时偷了懒，

这些问题都非常“一目了然”，

这也使得企业管理变得更加方便。

云计算平台还有一个非常实用的功能，就是“防丢”。
就像我们上学时可能会不小心把家门钥匙弄丢一样，
大人们也偶尔会把电脑里的工作文件弄丢。
这时，如果他们使用的是云计算平台办公就不必担心，
因为云计算平台会在云上备份（也就是多复制一份）
用户曾经上传的所有文件。

即使这份文件在云上的备份也丢失了，
云计算也能通过网络走进同事的电脑数据里，
自动为人们找回丢失的文件。

关键词大揭秘

数据挖掘 通过算法从大量的数据中提取有用的信息，以发现隐藏的关系和趋势。就像是寻找宝藏一样，大数据技术在海量的数据中发现价值并加以利用。与黑客入侵不同，数据挖掘是正常和合法的数据处理方式。

潜在需求 指人们对某种产品或服务本来就存在的需求，但可能因为各种原因没有得到满足。探索并满足潜在需求，可以帮助企业获得更多的竞争优势和商业机会。

数据算法 指对数据进行操作和分析的方法与技术。算法就像是一本解密秘籍，通过对数据进行处理与筛选，以发现数据中的规律并提高数据处理效率。例如，短视频 APP 使用算法来推荐人们想看的视频。

用户画像 指根据大量数据对一个群体的用户进行分析和描述，帮助企业更好地了解他们的客户。大数据会通过收集各种信息，例如性别、年龄、兴趣爱好、购买行为等，来描绘一个具体的用户形象。

风险预测 指根据之前的经验和数据，预估未来可能遇到的潜在风险。这种方法可以帮助人们提前了解可能出现的问题，并采取更好的措施来应对。当下众多的企业都在运用大数据技术进行风险预测。

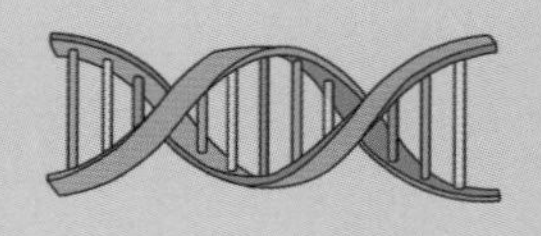
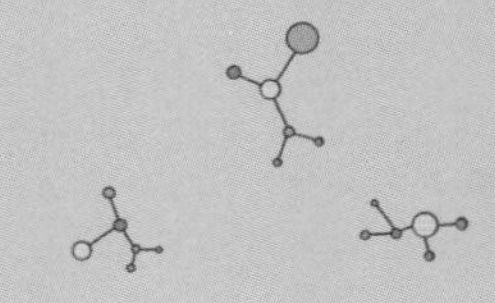

基因测序 指对生物的基因进行检测和分析，获得这个生物患上各种疾病的可能性。基因测序能帮助人们更好地了解自身的基因信息，并做出更有针对性的医疗措施。基因测序依赖大数据技术进行数据分析和整理。

基因库 指某群体中个体基因的总和。它通过对不同物种的基因序列进行组织、分类，为新药开发、疾病治疗提供基础数据。近年，大数据技术为基因库的存储和整理提供了极大助力。

云计算 一种通过互联网提供计算能力、存储空间和服务的技术。它将许多服务器组合成一个可以共享的云平台，以满足用户对于计算和存储资源不断增长的需求。

云存储 一种将数据存储在云计算服务器上的技术。与传统的本地存储方式相比，云存储具有容量大、可扩展性强、可靠性高、易于备份和恢复等优势。用户可以通过互联网随时随地访问自己保存在云端的数据。

线上办公 指利用互联网技术，通过线上平台进行协同办公及沟通。员工可以在家或其他地方，用电脑、手机、平板等设备与公司内部连接。当下的线上办公平台普遍应用云计算及大数据技术。

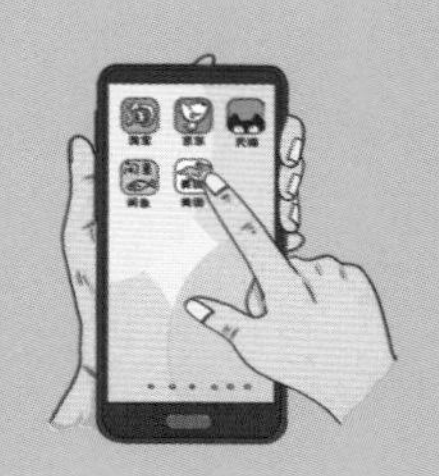

未来充满挑战，
大数据做你的伙伴！
一起探索
云计算、物联网、
智慧城市、算法预测……
破解大数据之谜吧！

上架建议：少儿·科普
ISBN 978-7-5763-2460-0

定价：69.00元（全3册）

孩子读得懂的

大数据

③ 共建梦想未来

于欣媛 著 野作插画 绘

孩子读得懂的大数据

3 共建梦想未来

于欣媛 著 野作插画 绘

北京理工大学出版社
BEIJING INSTITUTE OF TECHNOLOGY PRESS

图书在版编目（CIP）数据

孩子读得懂的大数据：全3册 / 于欣媛著；野作插画绘. -- 北京：北京理工大学出版社，2023.8
ISBN 978-7-5763-2460-0

Ⅰ. ①孩… Ⅱ. ①于… ②野… Ⅲ. ①数据处理—儿童读物 Ⅳ. ①TP274-49

中国国家版本馆CIP数据核字(2023)第105927号

出版发行 / 北京理工大学出版社有限责任公司
社　　址 / 北京市海淀区中关村南大街 5 号
邮　　编 / 100081
电　　话 / （010）68914775（总编室）
（010）82562903（教材售后服务热线）
（010）68944723（其他图书服务热线）
网　　址 / http: //www.bitpress.com.cn
经　　销 / 全国各地新华书店
印　　刷 / 三河市金元印装有限公司
开　　本 / 787 毫米 × 1092 毫米　1/16
印　　张 / 11.5
字　　数 / 123千字
版　　次 / 2023 年 8 月第 1 版　2023 年 8 月第 1 次印刷
定　　价 / 69.00元（全3册）

责任编辑 / 陈莉华
文案编辑 / 陈莉华
责任校对 / 刘亚男
责任印制 / 施胜娟

目 录

1 物联网：将一切连起来 01

2 智慧城市：让城市更“聪明” 06

3 VR与AR：变出梦想的世界 20

4 人工智能：机器人也有“大脑” 43

结语 56

关键词大揭秘 58

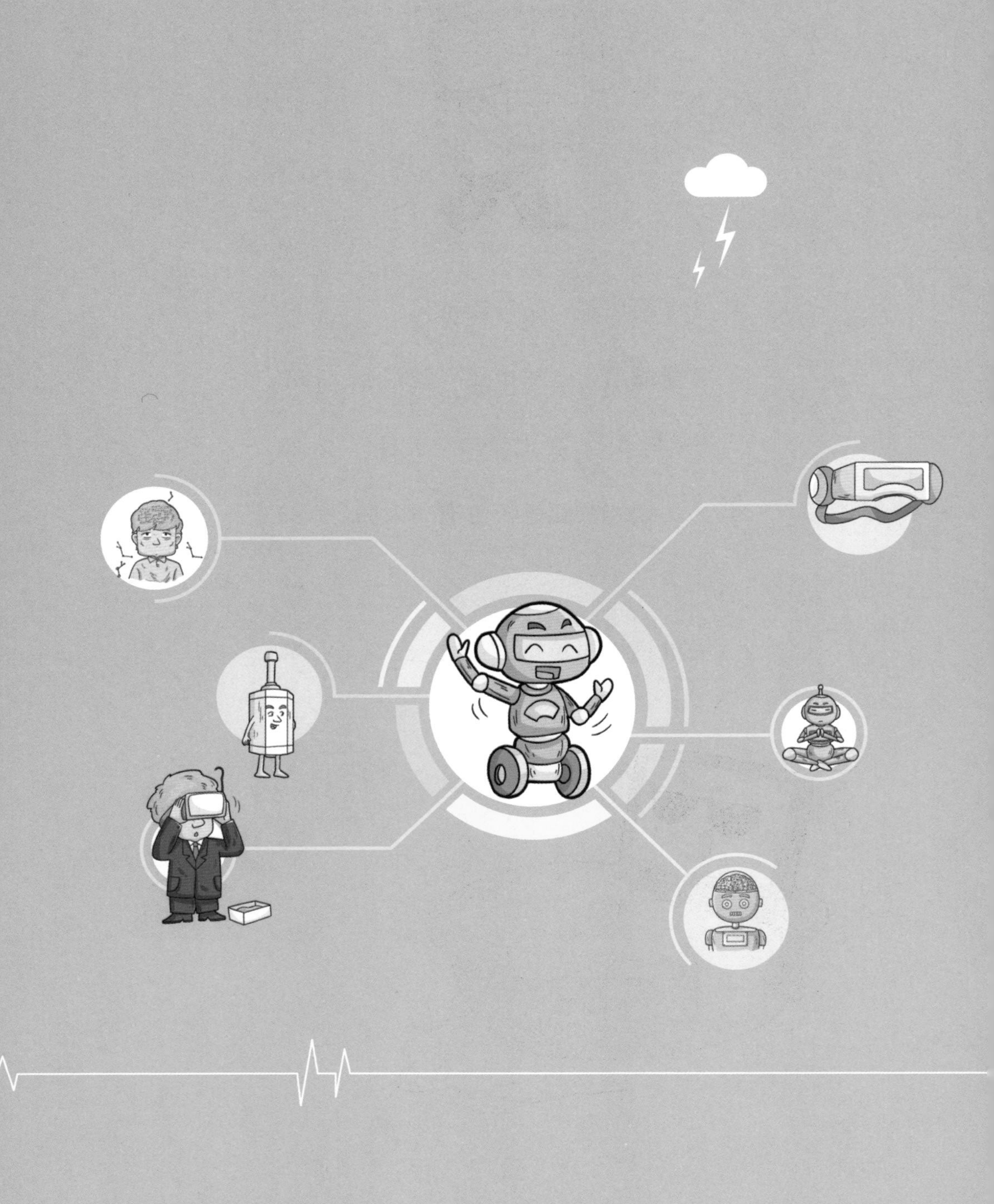

1

物联网：将一切连起来

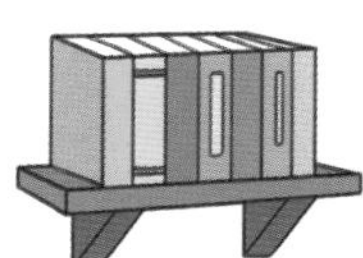

现在，

人们已经有了“云”上的

计算机工作室。

在这个工作室里，

很多计算机一起“齐心协力”

为人们处理数据，

那么，

它们是不是就像

整天坐在办公室里的职员一样，

从来不出去呢？

如果只是闷头在工作室里工作，

等待人们把数据传送过来，

那未免有些太无聊了。

就没有什么办法，
让它们也能看看精彩的世界，
能随时收集感兴趣的数据，
做一些特别的事吗？
办法当然有，不过不是让计算机走出办公室，
而是用一种叫“传感器”的东西，
把它们和外部世界连接起来。

传感器有一项特殊的能力——
可以贴在许多东西身上，
自动收集各式各样的数据。

比如，
如果把它贴在农民伯伯种的土地里，
它就能感觉到这片土地是冷还是热，
是干还是湿，
它可以把土地的温度、湿度，
还有其他情况的数据都记录下来。

又比如，
如果把它贴在你的身上，
它就能观察到你今天做了多少次运动，
心脏跳了几次，
然后将这些都记下来，
成为数据。

如今，在我们的城市里，
许许多多的东西都被装上了传感器。
这些传感器有着不同的名字：
运动传感器、湿度传感器、温度传感器……
但是，它们的能力都是一样的——
装在各种东西上，
然后观察、记录这个东西的状况！
分散在各个角落的传感器，
就像一个个侦察兵，
悄悄地打听着世界的情况。

这些散落在世界各个角落的传感器，

就连成了一张网。

在这张网上，

有着所有的传感器，

还有安装了传感器的东西。

这片由传感器连接而成的网，

就被人们称作“物联网”。

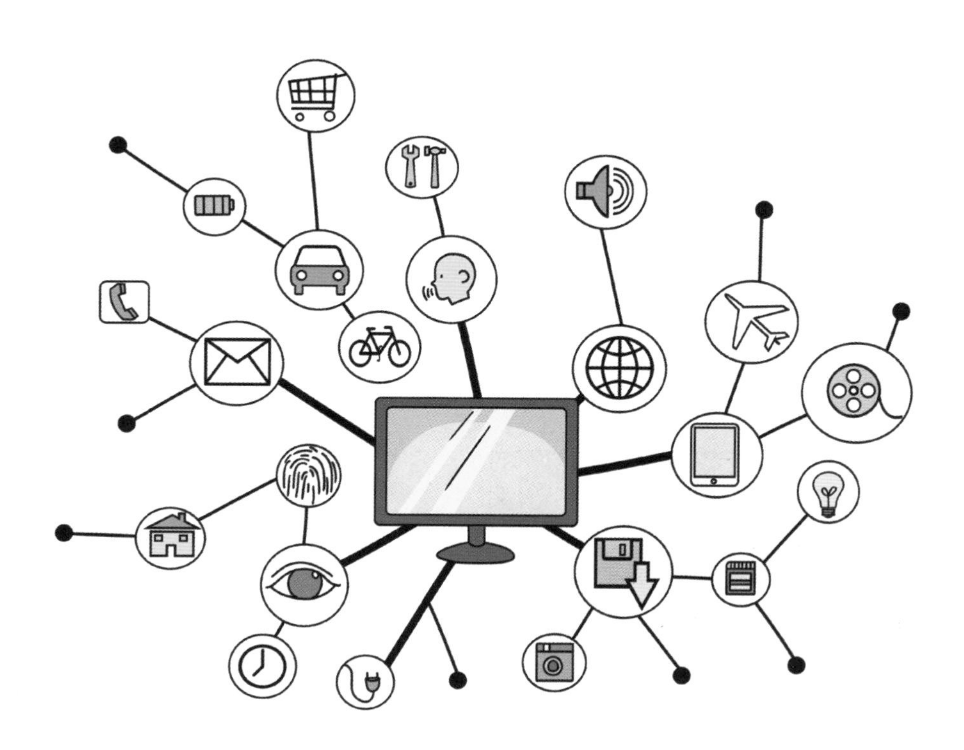

Z 智慧城市：让城市更“聪明”

物联网把城市当中
各种各样的东西连接在一起。
在这张网上，
传感器记录下自己观察到的数据，
然后通过它们手里的
“对讲机”（也就是网络），
把打听到的
“消息”（也就是数据），
统统告诉工作室里的计算机。
这样，计算机即使“足不出户”，
也仍旧可以知道
每天我们的城市里有什么新鲜事，
物品和人的身上
发生了什么细小的变化。

收到传感器发来的数据后，
“云”上的计算机就会开始工作，
也就是进行它们最擅长的数据处理。
除传感器发来的数据外，
工作室还会收到客户的指令，
每天都会有巨量的数据要处理，
但是，只要有了我们前面说的大数据技术，
这些就都不是问题！

当“云”上的工作室将这些巨量的数据处理完成后，
计算机不但能知道我们的城市里发生了什么事情，
还能把这些事情告诉给人类。

专业人士利用这些信息，
就能调节
整个城市的运作，
给我们的生活
带来很多便利。

比如，在流感暴发时期，
医疗卫生机构需要得知
城市中各个区域的居民的体温状况。
如果要让这些机构派出人员，
一个个地去测人们的体温，
那就是一个超级大工程了。

这时，
这些机构的人员只需要询问
“云”上工作室的计算机：
“现在人们的体温情况怎么样呢？”
就会得到计算机发来的
大量城市居民的体温数据。

如果医疗卫生机构能够和“云”上工作室定下一个契约：
“当某个区域的居民的体温出现异常时，你们就要马上通知我”，
那么“云”上工作室就能够帮助医疗卫生机构实时监控居民的体温状态，
如果发现哪个地方发烧的人特别多，就能立刻知道，
并且及时地提醒政府和居民注意防范。

又比如，
爸爸、妈妈驾驶汽车接我们回家或去玩时，
有时会遇到堵车。
车走得慢腾腾的，
偶尔还会影响我们吃饭和玩耍的时间，
挺让人心烦的。
有时真恨不得车可以飞上天，
这样就不用堵车啦！

虽然我们没法为汽车装上翅膀，
但“云”上工作室和物联网
却一样能为我们解决这个问题。

当遇到城市中的一些道路发生堵车时，
“云”上工作室的计算机可以立刻询问城市各处的传感器：
“你们那儿堵不堵车？”
各个传感器就会告诉它们，
“我这里超级堵！”“我这里不是很堵！”
计算机只需要将这些“堵车数据”进行汇总、整理和处理，
就可以知道哪条路线上的堵车程度最轻。
而开车的人也可以跟“云”上工作室定下契约：
“把最快的路线告诉我！”
这样，人们就可以知道开车时的“最优路线”，
成功避开堵车了。

人们要在哪里跟无所不知的“云”上工作室
定下这些“通知我”“告诉我”的契约呢？
既然是要跟工作室里的计算机交流沟通，
使用的通信工具自然也是计算机！
但是计算机那么大、那么重，
如果想要随时跟计算机联系怎么办？

嘿嘿，人们现在的智能手机，
实际上就相当于小型计算机！
所以，很多时候，人们用手机跟计算机定下契约！

许多政府机构的计算机里，
都安装了跟“云”上工作室
定下契约的软件。
它们的名字往往叫作
“智慧城市管理系统”
“城市大数据管理系统”……

利用这些软件，
能够把机构中的计算机和“云”上工作室连接起来，
机构里的人也就能随时知道城市里发生的事情——
城市管理工作因为物联网而变得简单了。

在手机里，
这种契约则是一个个 APP。
爸爸、妈妈开车时常用的导航 APP——
百度地图、高德地图等，
都连接着“云”上工作室，
随时监控着城市道路的情况。

不同城市的居民
还会使用他们各自的智慧城市 APP，
这些也都是人们跟“云”上工作室
定下契约的途径，
是让人们
能够随时了解城市情况的好帮手！

当城市的政府和居民都对自己的

城市了如指掌的时候，

人们就会发现，

整个城市正在变得越来越“聪明”——

有什么危险，大家能立刻知道；

走什么路线方便，大家也能马上做出选择。

想知道城市里有什么新的信息，

只需要打开计算机软件或者手机 APP 就可以了。

在聪明的“智慧城市”里，
还会出现智慧家居、智慧医疗、
智慧环保等多种多样的新形态生活方式。

你希不希望在炎热的夏天，
一踏入家门就可以享受到已经被空调吹得非常凉爽的空气？
你希不希望在踏入家门的瞬间，灯光自动为你打开，
窗帘自动调整到你需要的状态？
未来，当传感器和物联网普及到各家各户时，
智能家居便可以通过监测当前室内温度、湿度，
为你打造最舒服的室内环境。

除了更好的居家环境外，
智慧城市中的人们也能更好地受到健康呵护。
人们能通过自身携带的传感器得知自己的身体状况——
体温是不是过高、心率是不是过快、呼吸是不是均匀。

这些传感器可能是人们戴的一只手表、
一只手环甚至是贴在皮肤上的一个小贴纸。
如果身体出现不正常的情况，
这些“智慧装备”能够及时提醒自己的主人：
你该注意身体的健康问题啦！
或许在未来，当你去医院看病时，
只需要将智慧装备中记录的健康数据导入医生的电脑，
医生就可以在你不说话的情况下，
准确地判断出你的疾病情况！

在智慧城市中，
将会有更多的传感器应用于环境保护。
人们会在河流中安装污染物检测设备，
以便更好地控制城市里水的质量，
确保大家喝到的水是没被污染的。

人们会在土地里安装农药浓度传感器来管理肥料的使用，
以更有效地控制农药中的有害成分，
确保大家吃到的东西是健康安全的。

3

VR 与 AR：变出梦想的世界

你有没有幻想过这样一个世界：
到处都是可爱的、帅气的玩具；
人们可以在空中随意地飞，
跟小鸟打招呼；
还可以在海里遨游，
跟鲨鱼比拼，跟海豚玩耍。

也许你会说，
描述中的世界
是根本不可能出现的！
但现在，
大数据正在帮助我们
把这样的构想变为现实。

实际上，不管是玩具还是小鸟，
不管是鲨鱼还是海豚，都可以以数据的形式存在。

虚拟的嘛，就是这个样子!

我们会在手机视频里看见它们，
在计算机画面中看见它们，
在信息时代的数据世界里，
它们化成了视频、图片这样的数据形式，
被保存在互联网上。
但很多人会觉得：
“互联网上的东西一看就是假的，
和前面描述的虚拟世界相差也太大了吧！”

不真实，

主要是因为视频和图片

提供给我们的信息量（也就是数据量）

还是太少了！

当我们看一个玩具的视频时，

我们只能跟随着拍视频的镜头去看：

镜头从这个角度拍过去，

我们就只能看到这个角度的玩具；

从那个角度拍过去，

我们就只能看到那个角度的玩具。

不像在现实里，我们只要转转头，

就可以看到各个角度的玩具。

在现实中，

我们随时可以获取到无数个角度的信息量，

所以，我们自然会觉得：

只能提供一个角度的视频世界是“不真实”的。

这时，科学家想到：

既然信息太少会造成不真实，

那么，就增大信息（数据）量吧！

于是，

人们就把能看到的玩具从好多个角度都拍下来，

然后把获取到的大量视频数据全都导入一种特殊的机器内，

这种机器就叫“VR 机器”。

这种机器搭载着大数据技术，

人们将视频数据导入它体内后，

它就会根据这些数据，

开始进行自动演算和想象——

通过不同的数据，

计算出每个角度的玩具的样子。

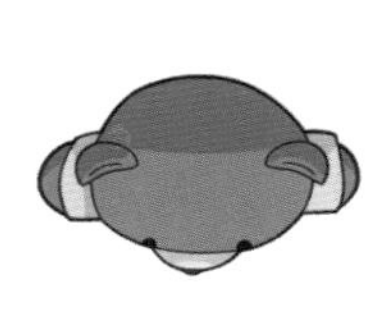

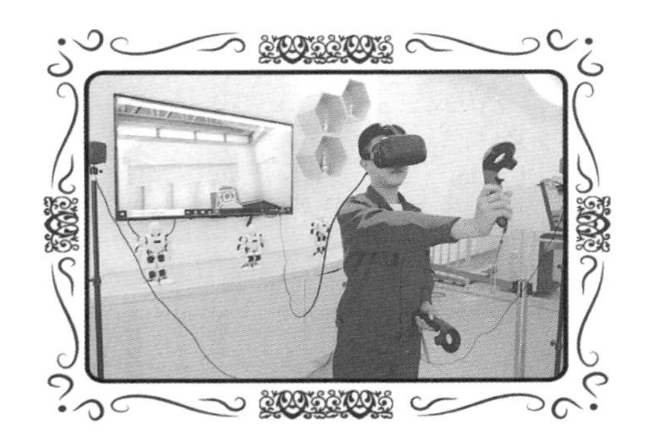

目前最常见的 VR 机器，包括 VR 眼镜和两个手柄

一个角度，
一百个角度，
一万个角度……
在 VR 机器里，
有关玩具的数据量不停地增加，
最终，
它能够把所有角度的玩具的样子
都计算、模拟出来！

这时，我们只需要戴上 VR 机器（一般是眼镜或者头盔），
就能看到一个完整的玩具了！

转头，
我们就能从它的不同角度观察到玩具。
虽然它只存在于 VR 机器构建的数据世界里，
但我们能得到足够的真实感——
因为我们的眼睛和大脑接收到了充足的、不同角度的信息。

VR 机器的数据世界里当然不止玩具。

人们会为它导入不同的数据，

让它模拟出各个角度的天空、不同深度的海洋，

模拟出小鸟的样子、鲨鱼的样子，

其中的每一个场景、每一个生物、每一个角度，

都包含着巨量的数据。

而在大数据技术出现之前，

VR 机器是没有办法保存、处理那么多数据的。

大数据技术越发达，
由其支持的 VR 机器的功能就越强大，
它所模拟出来的物体、生物和场景也就越细致、真实。

人们戴上 VR 机器时，
会觉得自己仿佛就活在一个新的世界里。

现在的试衣间

未来的试衣间

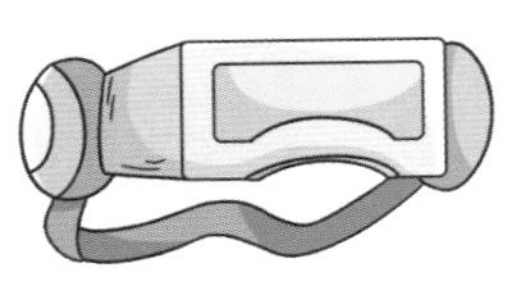

在未来，

有了大数据帮助的 VR 机器能够为人们做许许多多的事。

例如，妈妈想在网上买一条裙子，

但不知道这条裙子合不合身，

这时，VR 机器就可以发挥自己的力量——

只要人们把这条裙子的基础数据导入 VR 机器，

它就会在数据世界里为妈妈模拟出这条裙子。

现在试衣服

未来试衣服

戴上 VR 机器，踏入数据世界，
妈妈就可以穿上这条“数据裙子”了。
虽然它并不真实地存在于现实世界，
但在数据世界里，
妈妈可以感受到这条裙子的触感、材质，
看见它各个不同角度的样子，
甚至还可以穿着它又蹦又跳！

对于装载了大数据技术的VR机器而言，
模拟一条裙子当然不在话下。
而它更厉害的地方，
是可以模拟出一个完整的空间或世界！

VR 学车

当人们看中了一辆新车时，
戴上 VR 机器，
就能体验到驾驶着这辆车
在路上奔驰的感觉——
人们可以真实地摸到
这辆车的方向盘，
脚踩上油门或刹车，
背靠上汽车座椅，
而前方，
是 VR 机器模拟出来的开阔道路。

当人们看中了一座房子时，
戴上 VR 机器，就能体验到住在这所房子中的感觉——
可以窝进客厅的沙发里，
也可以走到室外的阳台上；
可以仰头感觉房屋的高度，
也可以低头看见地上铺的漂亮瓷砖。

这些都是 VR 机器利用大数据技术，
集合物体在各个角度的庞大数据，
从而为人们演算、模拟出来的数据世界中的画面。

VR 机器创造出的数据世界，
常常被人们称作“虚拟现实”（Virtual Reality）。
这些数据世界虽然是虚拟的，
但同时它又非常接近现实——这就是“VR”这个名称的由来。
而跟神奇的虚拟现实（VR）一样厉害的，
还有一个叫作“增强现实”（Augmented Reality，AR）的东西。
你别说，直到现在，
还经常有人分不清这两样东西。

VR 机器的作用，
是把现实中存在的东西（比如裙子、汽车、房子）
在数据世界里模拟出来。

而 AR 机器的作用就正好相反——
它能把数据世界里的东西，
在现实世界里模拟出来！

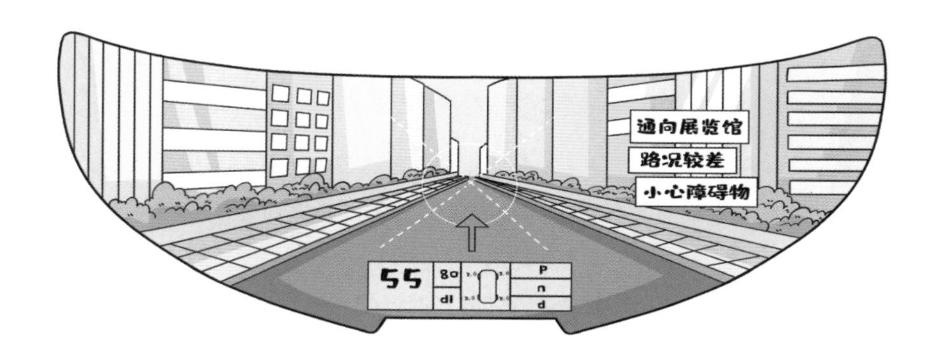

数据世界里有什么呢?

那可就多了。

比如在动画片里,

我们经常能看到奇特的怪兽、会说话的汽车人……

这些都是现实世界里没有,

但数据世界里有的东西。

原本,

它们只是数据世界里的虚拟人物或者是物体,

并不是真实存在的。

但 AR 机器能够把它们从数据世界带到现实世界来。

当人们想要虚拟人物、
物体出现在现实世界时，
只需要把这些人物、物体的相关数据
导入 AR 机器，
然后，
同样装载着大数据技术的 AR 机器
就能通过投影仪、
播放机这样的设备，
在现实世界里，
将数据世界里的它们
呈现在你的眼前。

在未来，
你甚至可以在现实世界里
与这些虚拟人物握手、对话。

当然，
AR 机器不只是能让我们跟动画片里的人物见面这么简单，
它还有许多实际的用途。
比如，它能帮助医生更好地动手术。

假设有一天，
有人心脏出了毛病，
不得不让医生开刀做手术
进行治疗。
这个时候，
患者一定非常紧张——
毕竟要用刀子触及身体器官呢。

实际上，不仅患者会害怕，
在手术开始前，
医生也会因为尚未见到患者的心脏而感到有些迷茫——
应该从哪里下手呢？
这颗心脏出了毛病的部位现在变成什么样了？
毕竟，心脏是埋在身体里的器官，
不打开身体，
是看不见也摸不着的……

这时，就轮到 AR 机器出马了。

在当下，AR 机器已经可以帮助医生进行一些“外科手术导航”，

这项技术有一个酷炫的英文名，叫 IGS。

只需要把患者的身体数据导入 AR 机器，

它就可以在手机或者计算机上模拟出

不同患者的器官的具体样子，

做手术的医生可以在手术之前，

获得患者器官的三维信息，

甚至可以通过滑动手机屏幕，

看到患者心脏的每个角度。

当然，仅仅在手机上看到还不够，
科学家正在研发更强大的 AR 机器，
它能在现实世界里为医生“变”出患者的生病器官。
当医生想要了解患者心脏的内部状况时，
只需要握着这颗被“变”出来的心脏，
就可以翻动它，甚至打开它！

不管医生对这颗心脏做了什么，
患者都不会感到难受，
因为这只是 AR 机器按照患者心脏的样子，
复制出来的一颗虚拟的心脏而已。

有了这颗虚拟心脏，
医生就可以全方位地观察到
患者的心脏状况，
并且清晰地知道
心脏出毛病的具体位置。

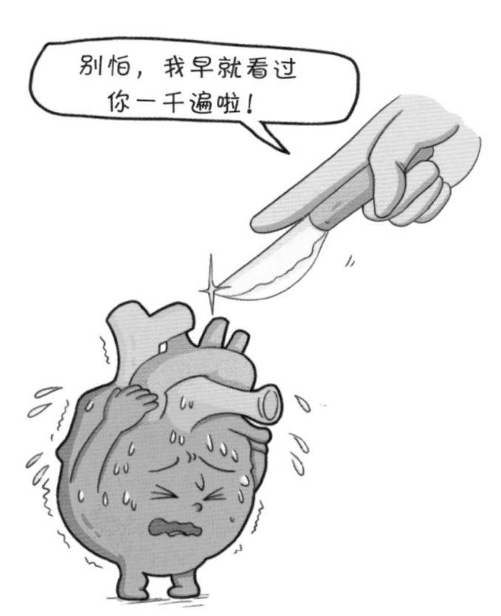

在真正进行开刀手术的时候，
医生已经对患者的心脏了如指掌啦！
所以，有了 AR 机器的帮助，
医生做手术自然更容易成功。

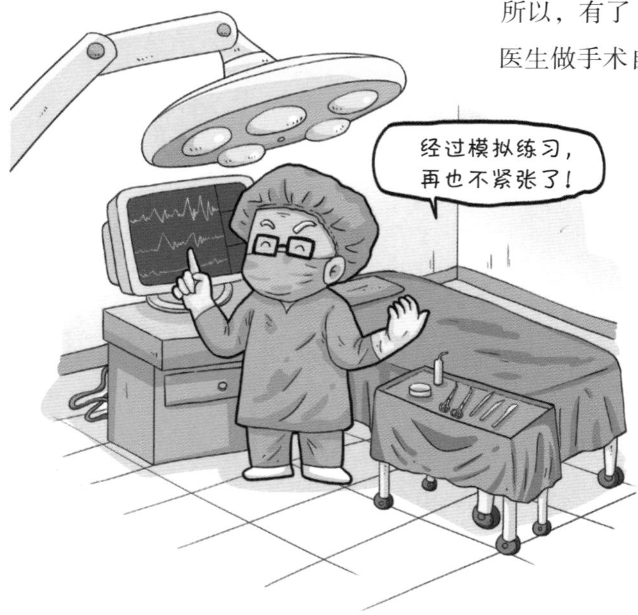

人们对 AR 技术还有许多畅想。

比如，在未来，

在教室里给人上课的老师，

也许就是 AR 机器投影模拟出来的人物。

又比如，在未来，

人们也许可以踏进“AR 游乐场”，

在这个游乐场里，

人们可以与电影里、动画片里的怪物和人物一起跳舞、玩耍。

无论在医学领域还是教育领域，
无论在购物方面还是娱乐方面，
VR 机器和 AR 机器都能帮助人们更好地生活、工作和娱乐。
而它们在数据世界里创造出的空间、物体，
还有在真实世界里模拟出的人物、生物，
都将随着大数据技术的进步，变得越来越逼真。

也许有一天，
在路上看见一只长得很特别的小狗时，
你要先想一想：
这是真的小狗，
还是来自数据世界的小狗呢？

4 人工智能：机器人也有“大脑”

你有没有玩过
飞行棋、五子棋、跳棋或围棋？
在玩这些棋类游戏时，
你经常需要开动你的大脑
去思考许多问题，
比如：
下一步我应该动哪个棋子？
我应该把棋子放在什么位置？
我下的这一步会不会影响到再下一步？

所以，
如果没有聪明的大脑，
是没办法玩好
棋类游戏的。

2016 年 3 月，
一个叫作
“阿尔法狗”（AlphaGo）的
机器人，
跟世界围棋冠军李世石
进行了一场“围棋人机大战”。

他们比了五场比赛，
而这五场比赛的结果震惊了世界：
世界围棋冠军只赢了一场，阿尔法狗则以 4∶1 的总比分获胜了！
也就是说，在下围棋这方面，
这个机器人，甚至比世界围棋冠军还要聪明！

阿尔法狗对战李世石（宣传图）

大家都知道，
机器人是人类制造出来的。
那么，
为什么人类制造的机器人，
还能比人类更加聪明呢？

嘿嘿，
答案是：
因为它脑子里的数据，
比人类脑子里的数据多得多！

人类棋手在下棋时，
他们的脑中会浮现出以前下棋时的“经验数据”：
以前面对同样的棋局时，
我是怎么下的？
我应该把棋子下在什么地方会更容易获胜？

当然，除自己琢磨外，
棋手也会去看其他人留下的棋谱，
学习其他人的下法，
把看到的下棋方法在大脑中
存储为自己的经验数据。
根据这些经验数据，
棋手就能够更好地下棋，
提高自己的获胜率。

但是，
人类的大脑能够存储的经验数据是有限的，
同时，
正像我们在前面讲的那样，
人类大脑处理这些数据的速度远远比不上计算机。

而对于阿尔法狗来说，
它的“大脑”就是一台装载了高端大数据技术的计算机，
能够处理、分析大量的经验数据——
它可以记下全世界所有棋手留下的棋谱！
并且通过分析这些棋谱，
准确地计算出在下每一步棋的时候，
怎样的下法是最容易获胜的。

如果机器人只是按照经验数据来下棋，

也许你就会提出一个问题：

如果一位非常厉害的人类棋手，

下出了以前从来没有人下过的棋子走法，

那机器人就会不知道怎么应对了吧？

但实际上，
对阿尔法狗这样的机器人而言，
人类能下出的走法，
都是它“玩剩下”的了……

在装载有大数据技术的
机器人“大脑”中，
它每时每刻、每分每秒
都在不停地跟自己下棋，
不断地积累巨量的经验数据。
并且，
它在“大脑”中
下棋的速度极快（基于大数据的高速性），
仅仅在 1 秒之内，
它就能完成数盘对局。

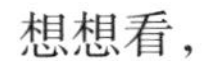

想想看，

假设阿尔法狗 1 秒下一盘棋，

那么 1 分钟就下了 60 盘，

1 天就下了 86400 盘，

1 个月大约下了 2592000 盘，

1 年大约下了 31536000 盘……

所以，

阿尔法狗就在一盘盘的“脑中棋局”里，

不断地学习下棋知识。

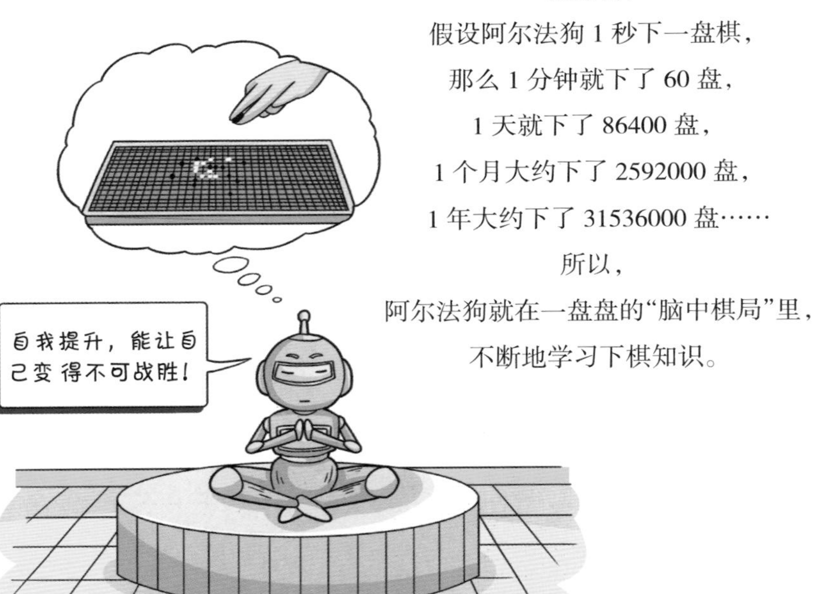

它甚至不需要人类再通过

导入经验数据来教导它怎么下棋，

而是通过自己学习，

不断地创新自己下棋的方式，

自己生成巨量的经验数据。

所以，

人类能想到的、下出的走法，

也都是阿尔法狗曾经

想到的、下过的了……

人们把像阿尔法狗这样
拥有自我练习、自我学习能力的机器人
称作“人工智能”。
它们就像人类一样，
可以通过不断地学习
变得越来越聪明，
同时，它们的学习速度
要比人类快很多倍。

正因为它的“大脑”里
搭载有大数据技术，
使得它可以存储远超
人类记忆量的数据，
处理远超人脑承受范围的数据，
同时生成许多人类
根本想不到的想法。

不过，阿尔法狗是一个只会下棋的机器人，
它不会说话，也听不到人们讲话。
它无法跟人类沟通、交流，只是会埋头下棋，
是一个“闷葫芦”机器人。

这样的机器人
未免有些无聊，
毕竟，
也不是每个人都喜欢
跟机器人下棋嘛……

有没有可以跟人类对话、
交流的机器人呢？
既然机器人可以学会怎么下棋，
那它能不能学会听我说话呢？
机器人要学会“听”，
就要学会识别人们说了什么。

早在 20 世纪 50 年代，
美国的贝尔研究所就试图让机器识别人们说的话。
而在 1960 年，
英国的 Denes 等人研制出了第一个计算机语音识别系统。

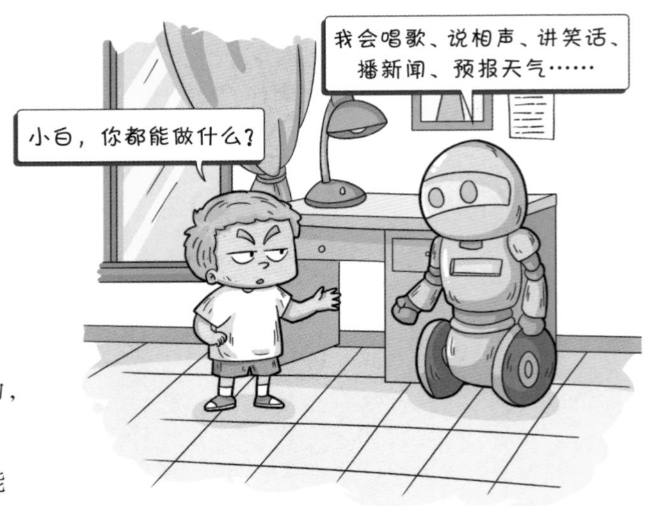

不过，
因为当时的计算机
还缺乏强大的计算能力，
所以机器人
识别人们话语的功能
还非常弱。

在大数据技术出现之后，
人工智能不断发展，
语音识别机器人
也开始能够准确地知道人们说了什么——
在它的“脑海”里，
有科学家为它导入的大量语音数据，
利用大数据分析处理技术，
它能够根据这些语音数据，
判断出人们说了什么话。
当现实里的人说出同样的话时，
语音识别机器人就能很快知道
面前的人在说些什么。

跟阿尔法狗自己学习下棋一样，
语音识别机器人也可以通过不断跟人类对话，
学习听懂人类的语言。
现在最先进的语音识别机器人已经可以听懂许多方言，
甚至可以分析出人们说话时的情感。
虽然它们还不能完全听懂人们话里的意思，
但随着大数据技术的发展，通过不断学习，
在未来，
智能机器人将在人们的生活中扮演重要的角色。

结 语

大数据技术是正在不断发展，
并且被广泛使用的技术。
当下的企业、政府，
甚至是每个生活在信息时代的人，
都已经离不开大数据技术的帮助。
在不同国家、不同领域，
大数据都在发挥着自己的巨大作用。

数据挖掘、数据算法、预测分析、云计算……
大数据能为人类完成许许多多的事。
物联网、智慧城市、VR 与 AR、人工智能……
这些都是大数据为人类带来的神奇产物。
在不会停止发展的信息时代，
人类将和大数据一起，共同走向崭新的未来世界。

关键词大揭秘

传感器 是一种可以感知世界并将其转化为数字信号的装置。传感器可以检测周围的光、声音、温度、湿度、位移等信息，并将这些信息转化为数字信号，然后发送到计算机或其他设备上进行分析和应用。

物联网 指将各种设备（如手机、电视和家电等）和传感器通过网络连接在一起，实现互相传输数据，从而让这些设备变得更智能、更高效，创造出更加安全、更加便捷的联络通道。

智慧城市 利用大数据技术、物联网和多种智能化手段，使城市功能更加协调、高效、可持续发展。服务于智慧城市的传感器和物联网程序常常被放置在各种设备中，例如智能手机和汽车中。

智慧家居 指采用先进的技术和设备使家庭设备实现互联互通，并通过大数据和人工智能技术管理生活。智慧家居使人们可以更加高效便捷地使用各种家居设备，提高居住舒适度。

智慧交通 指利用先进技术和信息化平台，对城市交通状况进行监控、分析、预测，并推出相应措施的交通管理方式。例如，通过大数据算法实现道路监测、公共交通调整等，让车辆和行人的通行更加顺畅和安全。

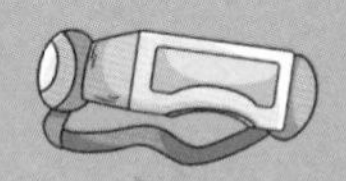

智慧医疗 指运用先进的技术手段，将医药服务与信息化技术相结合的一种医疗服务模式。例如，利用云计算、大数据等技术对患者的健康数据进行互联和分析，实现线上诊疗和远程医疗服务。

智慧环保 指以新一代信息技术为核心，对环境污染和气候变化等问题进行监控、评估和管理的环保模式。例如，利用传感器和云计算等技术实现垃圾的分类、对水和空气质量的在线监测和分析、对能源的监管等。

“VR” 即“虚拟现实”。通过特殊的设备，让人们沉浸在一个计算机模拟的环境中。例如佩戴 VR 眼镜后，就可以看到逼真的三维影像，还可以通过控制手柄进行互动操作。VR 技术需要大数据技术来处理大量的数据并进行运算。

“AR” 即“增强现实”，是一种结合了虚拟现实和真实世界的技术。人们通过装配智能设备（如眼镜、手机等）、安装特定软件，就可以看到真实环境中的虚拟物体。AR 技术需要大数据技术来处理大量的数据并进行运算。

“AI” 即人工智能。让计算机模拟人脑的智能行为，利用算法、数据和学习方式进行推理、感知、识别和决策。大数据技术为 AI 提供了获取、存储和处理信息的基础。